# 系统架构设计方法

## ——使用SBC架构描述语言

邱国鹏　孙述平 著

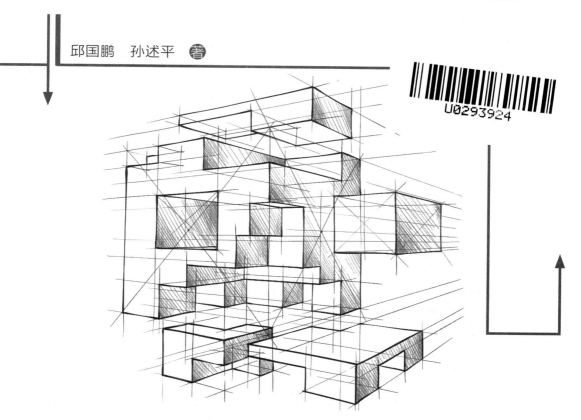

西安交通大学出版社
XI'AN JIAOTONG UNIVERSITY PRESS

图书在版编目（CIP）数据

系统架构设计方法：使用SBC架构描述语言 / 邱国鹏，孙述平著. -- 西安：西安交通大学出版社，2018.6
ISBN 978-7-5693-0724-5

Ⅰ.①系… Ⅱ.①邱…②孙… Ⅲ.①计算机系统
Ⅳ.①TP30

中国版本图书馆CIP数据核字(2018)第147210号

| | |
|---|---|
| 书　　名 | 系统架构设计方法——使用SBC架构描述语言 |
| 作　　者 | 邱国鹏　孙述平 |
| 责任编辑 | 李迎新　贺彦峰 |
| 出版发行 | 西安交通大学出版社<br>（西安市兴庆南路10号　邮政编码710049） |
| 网　　址 | http://www.xjtupress.com |
| 电　　话 | （029）82668357　82667874（发行中心）<br>（029）82668315（总编办） |
| 传　　真 | （029）82668280 |
| 印　　刷 | 定州启航印刷有限公司 |
| 开　　本 | 710mm*1 000mm　1/16　印张 12.75　字数 241千字 |
| 版次印次 | 2019年5月第1版　2019年5月第1次印刷 |
| 书　　号 | ISBN 978-7-5693-0724-5 |
| 定　　价 | 45.00元 |

读者购书、书店添货、如发现印装质量问题，请与本社发行中心联系、调换。

**版权所有　侵权必究**

# 序 文

在当今各种科学研究上，人类已经广泛采用了系统的观念和方法。系统架构设计是一种人工艺品，它的目的是用来描述一个系统是什么。近百年来，人们都是采用类似系统学的方式来描述系统架构设计。系统学描述系统架构设计为一群彼此之间还有与外界环境会产生互动的构件所组合而成的整合性全体。系统学对系统架构设计的描述，隐含着一个大的缺陷，那就是系统学并不要求系统结构和系统行为两者的整合。

系统结构和系统行为，是一个系统最重要的两个观点。为了满足一个整合性全体的系统，我们必须要先整合系统结构和系统行为。换句话说，要先能够整合系统结构和系统行为，才有可能得到一个整合性全体的系统。由于系统学并没有整合系统结构和系统行为，因此它可能永远无法得到一个整合性全体的系统。在这种情况下，我们发现到系统学其实是一个不理想的系统架构设计。

结构行为合一（Structure-Behavior Coalescence，简称为 SBC）讲求系统结构和系统行为的整合，我们借用它来改善系统架构设计内涵，如此可以将系统学进步到系统架构学（系统架构学又称为架构学）。系统架构学描述系统架构设计为一群彼此之间还有与外界环境会产生互动的构件，并且遵行"结构行为合一"要求，所组合而成的整合性全体。系统架构学使用SBC架构描述语言（SBC Architecture Description Language，简称为 SBC-ADL）来完成系统架构设计，SBC架构描述语言包含六大金图：(A) 架构阶层图、(B) 框架图、(C) 构件操作图、(D) 构件连结图、(E) 结构行为合一图、(F) 互动流程图。由于系统架构学强烈要求整合系统结构和系统行为，因此我们的结论为系统架构学方才是一个高度合格的系统架构设计方法。

在这本书中，邱国鹏老师撰写的第 1 章 – 第 18 章（计 211 千字），主要介绍了系统架构学，详细阐述 SBC 架构描述语言及相关案例；孙述平老师撰写了第 19 章 – 第 21 章（计 30 千字），为系统架构设计方法提供了详实的案例。通过这本书，所有的读者将可以很清楚地了解，系统架构学确实能够有效地帮助我们描述了一个整合性全体的系统架构设计。

由于种种原因，此次研究尚存在一些不足。诚挚希望专家同仁提出宝贵意见。感谢三明学院相关老师对本书编纂的支持，特别感谢台湾义守大学相关老师提供鲜活案例！

# 目 录

## 基本概念

第1章　系统简介　/　001

　　1-1　系统学　/　002
　　1-2　实物系统与虚拟系统　/　004
　　1-3　系统边界与外界环境　/　006
　　1-4　高维系统　/　007
　　1-5　系统的演进　/　009

第2章　系统结构与系统行为　/　011

　　2-1　系统结构　/　011
　　2-2　系统行为　/　012

第3章　结构行为合一　/　014

　　3-1　整合性全体达成系统架构设计　/　014
　　3-2　整合系统结构和系统行为　/　015
　　3-3　结构行为合一达成整合性全体　/　016
　　3-4　结构行为合一达成系统架构设计　/　016
　　3-5　系统架构学　/　017

## SBC 架构描述语言

第4章　架构阶层图　/　019

　　4-1　分解与组合　/　019
　　4-2　多阶层的分解与组合　/　022
　　4-3　聚合与非聚合系统　/　024

I

第 5 章　框架图　/　025

　　　　5-1　多层级的分解与组合　/　025
　　　　5-2　框架图里只能出现非聚合系统　/　026

第 6 章　构件操作图　/　028

　　　　6-1　各个构件的操作　/　028
　　　　6-2　构件操作图的绘制　/　032

第 7 章　构件联结图　/　035

　　　　7-1　联结的实质意义　/　035
　　　　7-2　特殊的联结　/　036
　　　　7-3　构件联结图的绘制　/　038

第 8 章　结构行为合一图　/　039

　　　　8-1　结构行为合一图的目标　/　039
　　　　8-2　结构行为合一图的绘制　/　040

第 9 章　互动流程图　/　043

　　　　9-1　系统行为与互动流程图　/　043
　　　　9-2　互动流程图的绘制　/　047

## 系统架构学范例

第 10 章　多媒体 KTV 的系统架构设计　/　053

　　　　10-1　架构阶层图　/　054
　　　　10-2　框架图　/　054
　　　　10-3　构件操作图　/　055
　　　　10-4　构件联结图　/　056
　　　　10-5　结构行为合一图　/　056
　　　　10-6　互动流程图　/　057

第 11 章　机器人的系统架构设计　/　059

　　　　11-1　架构阶层图　/　059

11-2　框架图　/　060

11-3　构件操作图　/　061

11-4　构件联结图　/　061

11-5　结构行为合一图　/　062

11-6　互动流程图　/　063

## 第 12 章　天灾的系统架构设计　/　064

12-1　架构阶层图　/　064

12-2　框架图　/　065

12-3　构件操作图　/　066

12-4　构件联结图　/　067

12-5　结构行为合一图　/　068

12-6　互动流程图　/　069

## 第 13 章　汽车的系统架构设计　/　071

13-1　架构阶层图　/　071

13-2　框架图　/　072

13-3　构件操作图　/　073

13-4　构件联结图　/　073

13-5　结构行为合一图　/　074

13-6　互动流程图　/　075

## 第 14 章　脚踏车的系统架构设计　/　077

14-1　架构阶层图　/　077

14-2　框架图　/　078

14-3　构件操作图　/　079

14-4　构件联结图　/　079

14-5　结构行为合一图　/　081

14-6　互动流程图　/　082

## 第 15 章　算数软件的系统架构设计　/　084

15-1　架构阶层图　/　085

15-2　框架图　/　086

15-3　构件操作图　/　086

15-4　构件联结图　/　088

15-5　结构行为合一图　/　089

15-6　互动流程图　/　090

第 16 章　多层次个人数据系统的系统架构设计　/　093

16-1　架构阶层图　/　095

16-2　框架图　/　096

16-3　构件操作图　/　097

16-4　构件联结图　/　099

16-5　结构行为合一图　/　100

16-6　互动流程图　/　101

第 17 章　销售进货软件的系统架构设计　/　104

17-1　架构阶层图　/　107

17-2　框架图　/　108

17-3　构件操作图　/　109

17-4　构件联结图　/　115

17-5　结构行为合一图　/　116

17-6　互动流程图　/　117

第 18 章　接龙游戏的系统架构设计　/　121

18-1　架构阶层图　/　125

18-2　框架图　/　126

18-3　构件操作图　/　126

18-4　构件联结图　/　127

18-5　结构行为合一图　/　128

18-6　互动流程图　/　129

第 19 章　智能食安物联网的系统架构设计　/　133

19-1　架构阶层图　/　133

19-2　框架图　/　135

19-3　构件操作图　/　135

19-4　构件联结图　/　138

19-5　结构行为合一图　/　139

19-6　互动流程图　/　140

## 第 20 章　居家照护物联网的系统架构设计　/　143

20-1　架构阶层图　/　144

20-2　框架图　/　145

20-3　构件操作图　/　145

20-4　构件联结图　/　154

20-5　结构行为合一图　/　155

20-6　互动流程图　/　157

## 第 21 章　智能旅游城市物联网的系统架构设计　/　162

21-1　架构阶层图　/　163

21-2　框架图　/　164

21-3　构件操作图　/　164

21-4　构件联结图　/　175

21-5　结构行为合一图　/　176

21-6　互动流程图　/　178

## 附录　SBC 架构描述语言　/　183

## 参考文献　/　189

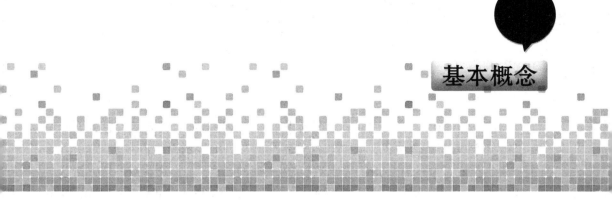

基本概念

# 第1章 系统简介

英文中系统（System）一词来源于古代希腊文（Systēma），意为部分组合而成的整体。系统是大家常用到或者听到的字眼，系统化（Systematic）是它的形容词。系统方法代表了做事有方法、有计划、有制度。反之，做事急就没有规划，就乱做一通的，都可以归属为非系统方法。

依据上述的论调，诸多和系统相关的学科，例如系统分析与设计（Systems Analysis and Design）[Hoff10, Shel11]、系统架构方法（Systems Architecting）[Maie09, Mull11]、系统架构学（Systems Architecture）[Lank09, Roza11]、系统圣经（Systems Bible）[Gall03, Kill09]、系统生物学（Systems Biology）[Klip09, Voit12]、系统动力学（System Dynamics）[Ogat03, Palm09]、系统生态学（Systems Ecology）[Jorg12, Odum94]、系统工程（Systems Engineering）[Beam90, Kass07, Koss11]、系统医学（Systems Medicine）[Pork78, Weil04, Weil00]、系统模型（Systems Modeling）[Frie11]、系统生理学（Systems Physiology）[Raff11, Sher09]、系统需求（Systems Requirement）[Bere09, Grad06]、系统科学（Systems Science）[Bere09, Grad06]、系统论（Systems Theory）[Bert69, Luhm12]、系统思考（Systems Thinking）[Chec99, Ghar11, Mead08]、系统观点（Systems View）[Bert81, Lasz96]等等，都像雨后春笋般的出现。这些众多系统学科所阐述的观念，莫不是系统化以及系统方法的法则。

在本章系统简介里，我们将广泛地讨论系统学、实物系统与虚拟系统、系统边界与外界环境、高维系统、系统的演进等等。

## 1-1 系统学

系统这个词汇，是我们在日常生活中每天都会用到或者听到的，它多少代表了混乱的对立面。例如说，我们若提到系统方法，则表示做事有方法、有计划、有制度。反之，做事急就没有规划，就乱做一通的，都可以归属为非系统方法。

系统学主要是要对一些系统事物寻求整体性解释，Bertalanffy 在 20 世纪 20 年代就提出一般系统论（General System Theory，简称为 GST）的说法 [Bert69]。一般系统论的创立，就是本书所说的系统学，为系统思想由哲学概括发展成科学理论奠定了基础。

针对同一个系统架构设计，一万个人可能会有一万种不同的看法，所以我们必须要给它一个人工（Artificial）的描述，如此一万个人对此一个系统，就只能有一种统一的看法。由于是人工描述出来的，因此系统架构设计也可以被解释成是一个人工的艺品（Artifact）[Kapo94]。

系统学对系统架构设计有如下的描述：所谓系统，指的就是一群彼此之间（Each Other）还有与外界环境（Environment）会产生互动的构件（Components）所组合而成的整合性全体（Integrated Whole），如图 1-1 所示。

> 所谓系统，指的就是一群彼此之间（Each Other）还有与外界环境（Environment）会产生互动的构件（Components）所组合而成的整合性全体（Integrated Whole）

图 1-1　系统学对系统架构设计的描述

构件也称为非聚合系统（Non-aggregated System）、零件（Part）、个体（Entity）、对象（Object）、结构元素（Structure Element）和构建块（Building Block）等等 [Chao09，Chao11，Chao12]。

综观系统学的系统架构设计，我们可以发现到其强调任何系统是一个整合性全体。除此，系统学有另外一大特色，那就是系统学采用结构分解（Structural Decomposition）[Chao12，Ghar11] 的方法，抛弃功能分解（Functional Decomposition）[Scho10] 的方法。

结构分解的方法是将一个系统分解成许多构件，如图 1-2 所示。将一个大问题分解成许多构件来解决，是一个比较优异的方法。

功能分解的方法是将一个系统分解成许多功能，如图 1-3 所示。将一个大问题分解成许多功能来解决，是一个比较拙劣的方法。

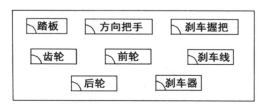

图 1-2　结构分解的方法

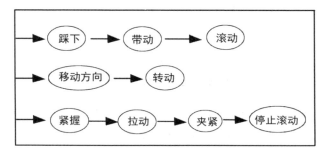

图 1-3　功能分解的方法

我们将透过系统学的系统架构设计来描述一个系统是什么。例如，在朱汤姆的脑海里，交通大学 4069 教室是由一把书桌和一张椅子等两个构件所组合而成的；在赵威廉的脑海里，交通大学 4069 教室是由一张书桌和两把椅子等三个构件所组合而成的；在李约翰的脑海里，交通大学 4069 教室是由一张书桌和三把椅子等四个构件所组合而成的。每个人的脑海想的都不一样，因此这些都不是共识，只有经由系统学的系统架构设计来描述交通大学 4069 教室是什么，才会得到大家对交通大学 4069 教室的共识。例如，经由图 1-4 中系统架构设计的描述，所有的人都会有共识地认同交通大学 4069 教室是由一张书桌和两把椅子等三个构件所组合而成的。

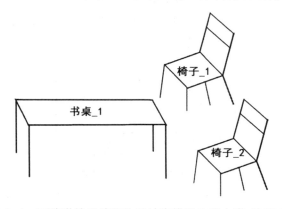

图 1-4　系统学的系统架构设计来描述交通大学 4069 教室

又如，经由图 1-5 的系统学对地球的系统架构设计之描述，所有的人都会有共识地认同地球是由海洋和陆地等两个构件所组合而成的。

图 1-5　系统学对地球的系统架构设计的描述

再如，透过图 1-6 的系统学对刀子的系统架构设计之描述，所有的人都会有共识地认同一把刀子是由刀锋和刀柄等两个构件所组合而成的。

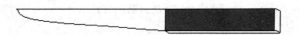

图 1-6　系统学对刀子的系统架构设计之描述

## 1-2　实物系统与虚拟系统

实物系统（Physical System）又称作具体系统（Concrete System）或真实系统（Real System）。实物系统指的是宇宙内真实世界（Real World）的事物，这些真实世界的事物是存在于自然时空里的 [Acko68]。例如，一辆由轮胎和车身等两个构件所组合而成的汽车是一个实物系统，如图 1-7 所示。

图 1-7　一辆汽车是一个实物系统

又如，一副由两个镜片和一个镜框等三个构件所组合而成的眼镜也是一个实物系统，如图 1-8 所示。

图 1-8　一副眼镜也是一个实物系统

虚拟系统（Virtual System）和实物系统则完全相反。虚拟系统代表着一些抽象理念所组成的虚拟事物，这些虚拟事物只是存在于抽象（Abstract）空间里，它们不属于真实世界的事物 [Acko68]。例如一，由杰克与巨人等两个构件所组合而成的童话故事是一个虚拟系统，如图 1-9 所示。

图 1-9　杰克与巨人童话故事是一个虚拟系统

例如二，由「MTPDS_GUI」、「Age_Logic」、「Overweight_Logic」、「Personal_Database」等四个构件所组合而成的「多层次个人数据系统」软件是一个虚拟系统，如图 1-10 所示。

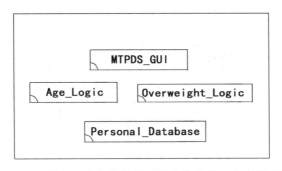

图 1-10　「多层次个人资料系统」软体是一个虚拟系统

## 1-3 系统边界与外界环境

系统边界（System Boundary）可以让我们界定一个系统的范围（Scope）。如图 1-11 所示，系统的组成构件是在系统边界之内，而外界环境（Outside Environment）却是在系统边界之外。

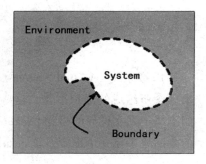

图 1-11 系统边界与外界环境

一个系统可能会和外界环境有所互动（Interaction），也可能会和外界环境没有任何互动。所谓一个开放式系统（Open System），指的是此系统和其外界环境会有物质（Matter）、能量（Energy）、数据（Data）、信息（Information）、讯息（Message）的交换、交流、传送、输出入（Output/Input）等等互动，如图 1-12 所示。

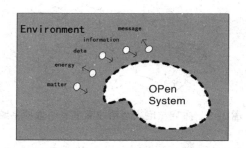

图 1-12 开放式系统和外界环境有互动

一个孤立系统（Isolated System）和外界环境没有任何物质、能量、数据、信息、讯息等等的互动，如图 1-13 所示。

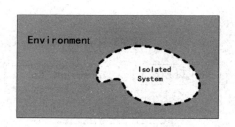

图 1-13 孤立系统和外界环境没有任何互动

## 1-4 高维系统

假设一个系统和其外界环境只会有「物质」、「能量」、「数据」、「信息」、「资料」的交换、交流、传送等等互动，不会有「系统」的交换、交流、传送、输出入（Output/Input）等等互动，则此系统称之为一维系统（First Order System）。

高维系统（High Order System）又称为二维系统（Second Order System），指的是这个高维系统和其外界环境不但可以有「物质」、「能量」、「数据」、「信息」、「讯息」的交换、交流、传送等等互动，也可以有「系统」的交换、交流、传送、输出入等等互动 [Bare84, Hend80, Mann74, Sang03, Shap00]，如图 1-14 所示。

人脑（Human Brain）、策略管理（Strategic Management）、创意思考（Creative Thinking）等等都算是一种高维系统。人脑是一个高维系统，因为人脑会建构出非常多的「系统」来，如图 1-15 所示。

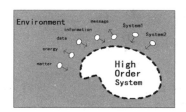 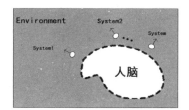

图 1-14 高维系统　　　　图 1-15 人脑是一种高维系统

策略管理是一种高维系统，因为策略管理会考虑各种不同的「系统」，然后从中选择出最合适的「系统」来，如图 1-16 所示。

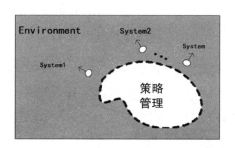

图 1-16 策略管理是一种高维系统

再来，创意思考也是一种高维系统，因为创意思考会考虑各种不同的「系统」，然后从中创造出最优异的「系统」来，如图 1-17 所示。

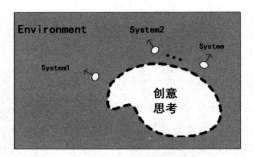

图 1-17 创意思考是一种高维系统

系统动力学（Systems Dynamics，简称为 SD），为美国麻省理工学院的 Forrester 教授创始于 1950 年前后。系统动力学利用正回馈环路（Positive Feedback Loops）和负回馈环路（Negative Feedback Loops）来建立各种系统的动态仿真，如图 1-18 所示。

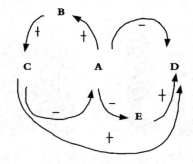

图 1-18 系统的动态模拟

最后，系统动力学是一种高维系统，因为系统动力学是用来动态仿真各种「系统」的状况，如图 1-19 所示。如此，决策者能够透过系统动力学，因而策略地（Strategically）从众多「系统」中选择出最合适的「系统」来。

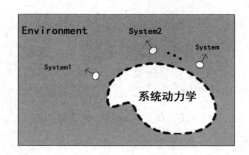

图 1-19 系统动力学是一种高维系统

## 1-5 系统的演进

任何一个系统,无论它是实物系统或者虚拟系统,总是会不时地改变(Change)。造成它改变的原因,可能是来自系统内部的力量,也可能是来自系统外部的力量。例如,一个生物体细胞不断地自我复制,如图1-20所示,系统改变的原因来自系统内部的力量。

工人透过重建、施工或建造来改变一个系统,如图1-21所示,此类系统改变的原因来自系统外部的力量。

图 1-20　生物体细胞不断地自我复制　　图 1-21　工人重建、施工或建造一个系统

每当一个系统有所改变时,它就向前演进(Evolve)了一次,如图1-22所示。

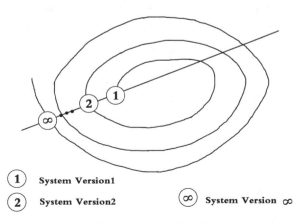

① System Version1
② System Version2
∞ System Version ∞

图 1-22　系统的演进

每当系统进行一次改变或演进,我们就得到一个新的系统架构设计版本。如图 1-22 中所示,第 1 版代表原有的系统架构设计,然后一步一步地演进到第 2 版、第 3 版、直到第无限(∞)版。

举例来说,图 1-23 显示了 House_A 的系统架构设计之第 1 版说明 House_A 是由 roof_1、window_1 和 door_1 等三个构件所组合而成的。

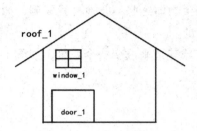

图 1-23　House_A 的系统描述的第 1 版

当 House_A 借着改变和演进来增加了 window_2 和 door_2 时,如图 1-24 所示,House_A 的系统架构设计之第 2 版说明 House_A 是由 roof_1、window_1、window_2、door_1 和 door_2 等五个构件所组合而成的。

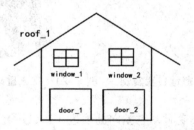

图 1-24　House_A 的系统描述的第 2 版

# 第2章 系统结构与系统行为

系统结构（System Structure）和系统行为（System Behavior），是一个系统最重要的两个方面。系统结构乃是由一些构件、构件操作以及这些构件的组合等等所描述出来。系统行为则是由构件和构件或者外界环境之间的互动所描述出来。

## 2-1 系统结构

任何一个系统都形成一个全体。在一般情况下，系统结构是由一个系统的构件之间的连接所组成的。更具体地，我们描述一个系统的结构包含以下三者：构件、构件的操作、构件的组合。

在一个系统里，构件是不可再被分解的零件 [Hoff10, Shel11]。例如，「头」、「手」和「脚」是机器人系统的三个构件，如图 2-1 所示。

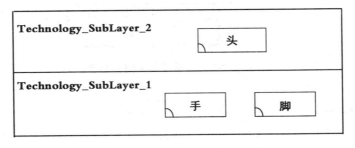

图 2-1 机器人系统的构件

操作（Operation）是附属在各个构件上的，代表着此构件的程序（Procedure）、方法（Method）或者功能（Function）。在一个系统中的每个构件必须至少拥有一个操作。图 2-2 显示一个机器人系统所有构件的操作，「头」构件有「接受写字指示」和「接受走路指示」两个操作，「手」构件有一个「动手」的操作，「脚」构件有一个「动脚」的操作。

我们利用构件的组合来描述出一个系统在结构上的分解和组合。如图 2-3 所

示,在机器人系统里,首先「机器人」分解出「头」和「四肢」,然后「四肢」再分解出「手」和「脚」;反之,「手」和「脚」先组成「四肢」,然后「头」和「四肢」再组成「机器人」。

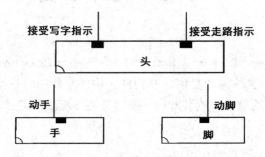

图 2-2　机器人系统所有构件的操作

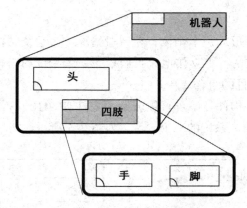

图 2-3　机器人系统的分解和组合

## 2-2　系统行为

系统行为是指一个系统和它的外界环境之间所产生的互动,这些互动可以说是该系统对各种外界环境刺激的反应。外界环境刺激可能来自有意识或潜意识的,公开或隐蔽的,自愿或不自愿的。

例如,图 2-4 说明了「写字」和「走路」两个行为是源起于「机器人」系统和它的外界环境之间所产生的互动。

对于每一个行为,外界环境会先引发它本身和构件第一个互动,然后再导致后续更多构件之间的互动。如图 2-5 所示,外界环境、构件「头」和构件「手」之间的互动产生了「写字」行为。

# 第 2 章 系统结构与系统行为

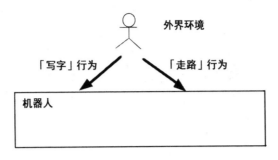

图 2-4 「机器人」系统的行为

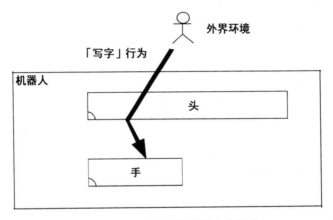

图 2-5 互动产生了「写字」行为

例如二，图 2-6 显示了外界环境、构件「头」和构件「脚」之间的互动产生了「走路」行为。

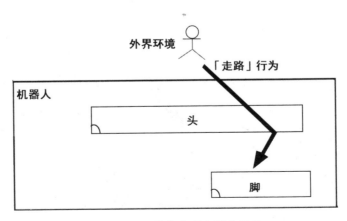

图 2-6 互动产生「走路」行为

# 第3章 结构行为合一

一个系统架构设计被描述成一群彼此互动的构件所组合而成的整合性全体（Integrated Whole）。由于系统结构（Systems Structure）和系统行为（Systems Behavior）是一个系统架构设计最重要的两个观点，因此为了满足系统的一个整合性全体的目标，我们必须要先整合系统结构和系统行为。

一个整合性全体的系统是达成系统架构设计的关键路径，而「结构行为合一」（Structure-Behavior Coalescence，简称为SBC）则是达成一个整合性全体的系统的关键路径。因此，我们得出结论，「结构行为合一」乃是达成系统架构设计的关键路径。

## 3-1 整合性全体达成系统架构设计

一个系统架构设计被描述为某一群彼此互动的构件所组合而成的整合性全体。换句话说，一个整合性全体的系统是达成系统架构设计的关键路径，如图3-1所示。

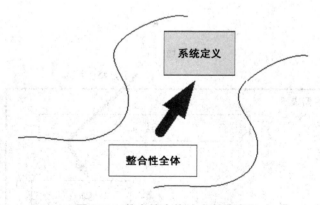

图3-1 整合性全体达成系统定义

从系统架构设计中我们得知，一个整合性全体必须依附于（Attached to）或者

建立在（Built on）系统结构上。换句话说，一个整合性全体，不得单独存在，它必须被系统结构承载着，就像一个货物必须被船舶承载着一样，如图 3-2 所示。如果没有系统结构，则不会有整合性全体，一个单独存在的整合性全体，是没有意义的。

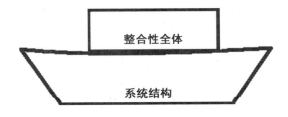

图 3-2 「系统结构」承载着「整合性全体」

## 3-2 整合系统结构和系统行为

透过系统结构和系统行为的整合，我们得到系统的「结构行为合一」。由于系统结构和系统行为是如此紧密地整合在一起，我们有时会声称「结构行为合一」的核心理念是：系统 = 结构 --->> 行为，如图 3-3 所示。

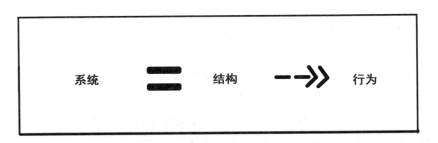

图 3-3 「结构行为合一」的核心理念

截至目前，除了「结构行为合一」方法之外，还未听过或者看过有其他方法会做到系统结构和系统行为的整合。在大多数情况下，人们都是使用结构行为分离的方式下来描述一个系统架构设计 [Hoff10，Pres09，Shel11，Somm06]。

## 3-3 结构行为合一达成整合性全体

由于系统结构和系统行为是一个系统最重要的两个观点，因此为了满足系统的一个整合性全体的目标，我们必须要先整合系统结构和系统行为。换句话说，「结构行为合一」有利于达成整合性全体，如图 3-4 所示。

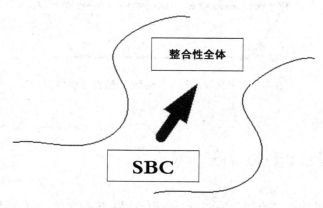

图 3-4　SBC 达成整合性全体

## 3-4 结构行为合一达成系统架构设计

图 3-1 告知我们整合性全体是达成系统架构设计的关键路径。图 3-4 告知我们「结构行为合一」是达成整合性全体的关键路径。

结合上述两个告知，我们得出结论：「结构行为合一」是达成系统架构设计的关键路径，如图 3-5 所示。因此，我们确切需要采用 SBC 架构描述语言（SBC Architecture Description Language，简称为 SBC-ADL）来完成系统架构设计。

在 SBC 架构描述语言里，系统行为必须依附于（Attached to）或者建立在（Built on）系统结构上。换句话说，系统行为不得单独存在，它必须被系统结构承载着，就像一个货物必须被船舶承载着一样，如图 3-6 所示。如果没有系统结构，则不会有系统行为，一个单独存在的系统行为，是没有意义的。

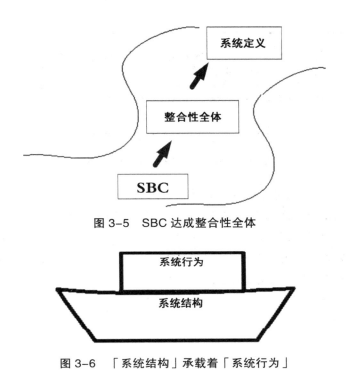

图 3-5　SBC 达成整合性全体

图 3-6　「系统结构」承载着「系统行为」

## 3-5　系统架构学

　　由于「结构行为合一」是达成系统架构设计的关键路径，我们借用它来来改善系统学的系统架构设计，顺便将系统学进步到系统架构学。如图 3-7 所示，系统架构学描述系统架构设计为一群彼此之间（Each Other）还有与外界环境（Environment）会产生互动的构件（Components），并且遵行「结构行为合一」（Structure-Behavior Coalescence）要求，所组合而成的整合性全体（Integrated Whole）。

　　到目前为止，我们已经介绍了可以借用「结构行为合一」来改善系统学对系统架构设计，如此可将系统学进步到系统架构学的境界。

　　总而论之，系统架构学有两个特色：第一个特色是维持系统学专门的强项，采用结构分解（Structural Decomposition）[Chao12，Ghar11]的方法，抛弃功能分解（Functional Decomposition）[Scho10]的方法；第二个特色是将「结构行为合一」的能耐加持上去。

> 所谓系统构架，指的是一群彼此之间(Each Other)还有与外界环境(Environment)会产生互动的构件(Components)，并且遵行「结构行为合一」(Structure-Behavior Coalescence)要求，所组合而成的整合性全体（Integrated Whole）。

**图 3-7　系统架构学对系统得到定义**

系统架构学使用 SBC 架构描述语言（SBC Architecture Description Language，简称为 SBC-ADL）来完成系统架构设计，SBC 架构描述语言包含六大金图：(A) 架构阶层图、(B) 框架图、(C) 构件操作图、(D) 构件联结图、(E) 结构行为合一图、(F) 互动流程图。在本书后面的章节中，我们将针对 SBC 架构描述语言进行更详细的探讨和众多案例研究。

# 第4章　架构阶层图

架构阶层图（Architecture Hierarchy Diagram，简称为 AHD）可以让我们看出一个系统之多阶层（Multi-Level）的分解与组合 [chao09，chao11，chao12，chao14]。透过多阶层的分解与组合，一个原本复杂的系统变得简单多了。架构阶层图是达到「结构行为合一」的第一个架构描述语言。前面章节说过，只有做到「结构行为合一」的水平，方才能够满足系统架构学的要求，然后我们才可以得到架构阶层图。

在本章架构阶层图的介绍里，我们将分别讨论分解与组合、多阶层的分解与组合和聚合与非聚合系统等等课题。

## 4-1　分解与组合

在日常生活中，我们可以看到很多系统分解（Decomposition）与组合（Composition）的例子。譬如，一台「计算机」系统可以分解出「显示器」、「键盘」、「鼠标」和「主机系统」，如图 4-1 所示。在其中，「显示器」、「键盘」、「鼠标」和「主机系统」分别是四个子系统（Subsystem），而「计算机」是一个母系统（Supra-system）。

类似的例子比比皆是，让我们看「机器人」系统的分解与组合。如图 4-2 所示，「头」和「四肢」各自是一个子系统，但它们可以组合成一个「机器人」的母系统。

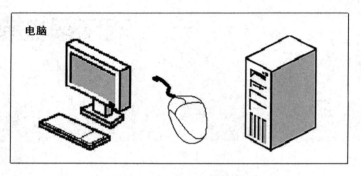

图 4-1　电脑系统的分解与组合

图 4-2　「机器人」系统的分解与组合

最后一个例子说明「SBC_Book」系统的分解与组合。如图 4-3 所示，「Chapter_1」、「Part_1」和「Part_2」各自是一个子系统，但它们可以组合成「SBC_Book」母系统。

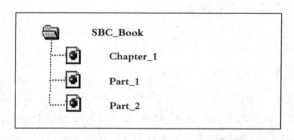

图 4-3　SBC_Book 系统的分解与组合

若说母系统分解出子系统是一个由上至下（Top-Down）的方向，那么另一个由下至上（Bottom-Up）的方向就是由子系统组合成母系统。为了表示由上至下和由下至上两个方向，我们可以绘制架构阶层图来表示。

回顾前面所述「计算机」系统的例子，图 4-4 显示其架构阶层图。「计算机」

母系统可以由上至下分解出「显示器」、「键盘」、「鼠标」和「主机系统」等子系统，或者可以说「显示器」、「键盘」、「鼠标」和「主机系统」等子系统由下至上组合成「计算机」母系统。

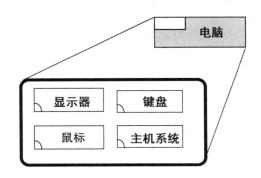

图 4-4 「电脑」系统的架构阶层图

回顾前面所述「机器人」的例子，图 4-5 显示其架构阶层图。「机器人」系统可以由上至下分解成「头」和「四肢」等子系统，或者可以说「头」和「四肢」等子系统由下至上组合成一个「机器人」母系统。

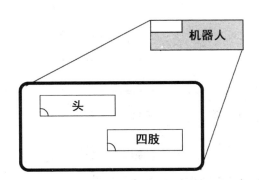

图 4-5 「机器人」系统的架构阶层图

回顾前面所述「SBC_Book」系统的例子，图 4-6 显示其架构阶层图。「SBC_Book」可以由上至下分解成「Chapter_1」、「Part_1」和「Part_2」等子系统，或者可以说「Chapter_1」、「Part_1」和「Part_2」等子系统由下至上组合成「SBC_Book」母系统。

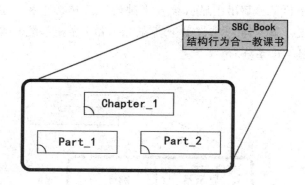

图 4-6 「SBC Book」系统的架构阶层图

## 4-2 多阶层的分解与组合

一个由母系统分解出来的子系统可以继续往下分解。如图 4-7 所示,「主机系统」是整个「计算机」的一部分子系统,但它可以再分解成「主机板」、「硬盘」、「软盘」和「网络卡」等子系统。

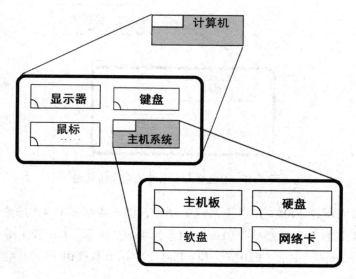

图 4-7 「多阶层」电脑系统的分解与组合

例如二,图 4-8 显示「四肢」是「机器人」的一部分子系统,但它可以再分

解成「手」和「脚」等子系统。

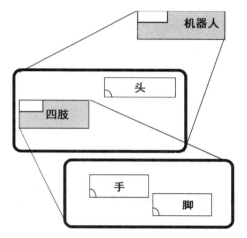

图 4-8　多阶层「机器人」系统的分解与组合

例如三，图 4-9 显示「Part_1」是「SBC_Book」的一部分子系统，但它可以再分解成「Chapter_2」和「Chapter_3」等子系统，「Part_2」也是「SBC_Book」的一部分子系统，但它可以再分解成「Chapter_4」和「Chapter_5」等子系统。

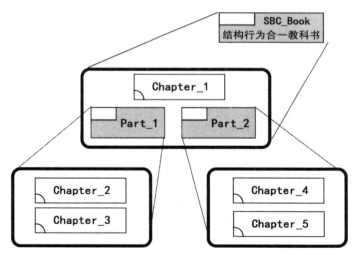

图 4-9　多阶层「SBC_Book」系统的分解与组合

一般来说，一个系统的分解与组合通常是多阶层的。所以，任何系统要化繁为简，都需要透过多阶层的分解与组合来达成目标。

## 4-3 聚合与非聚合系统

聚合系统（Aggregated System）与非聚合系统（Non-Aggregated System）可以用来分门别类地出现在一个架构阶层图里的各个系统。首先，让我们分别给聚合系统和非聚合系统各自一个定义，如图 4-10 所示。

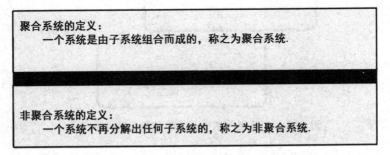

图 4-10 聚合系统和非聚合系统的定义

非聚合系统也称为构件（Component）、零件（Part）、个体（Entity）、对象（Object）、结构元素（Structure Element）和构建块（Building Block）等等 [Chao09, Chao11, Chao12]。

在一个架构阶层图里，一个系统只能属于聚合或非聚合类。同时属于聚合或非聚合类的系统是不可能的。例如一，用图 4-4 和图 4-7 来说明。图 4-4 中的「主机系统」是一个非聚合系统，因为它不再分解出任何子系统。相对的，图 4-7 中的「主机系统」是一个聚合系统，因为它又再分解出「主机板」、「硬盘」、「软盘」和「网络卡」等子系统来。

例如二，用图 4-5 和图 4-8 来说明。图 4-5 中的「四肢」是一个非聚合系统，因为它不再分解出任何子系统。相对的，图 4-8 中的「四肢」是一个聚合系统，因为它又再分解出「手」和「脚」等子系统来。

例如三，用图 4-6 和图 4-9 来说明。图 4-6 中的「Part_1」和「Part_2」都是非聚合系统，因为它们不再分解出任何子系统。相对的，图 4-9 中的「Part_1」和「Part_2」都是聚合系统，因为「Part_1」又分解出「Chapter_2」和「Chapter_3」等子系统来，而「Part_2」也又分解出「Chapter_4」和「Chapter_5」等子系统来。

# 第 5 章　框架图

框架图（Framework Diagram，简称为 FD）可以让我们看出一个系统之多层级（Multi-Layer）或者多层次（Multi-Tier）的分解与组合 [chao09，chao11，chao12，chao14]。框架图是达到「结构行为合一」的第二个金图。前面章节说过，只有做到「结构行为合一」的水平，方才能够满足系统架构学的要求，然后我们才可以得到框架图。

在本章框架图的介绍里，我们将分别讨论多层级或者多层次的分解与组合和框架图里只能出现非聚合系统等等课题。

## 5-1　多层级的分解与组合

我们也可以使用多层级（Multi-Layer）或者多层次（Multi-Tier）的方式来分解和组合一个系统，框架图就是多层级或者多层次分解和组合一个系统的工具。

回顾前面所述「计算机」系统的例子，图 5-1 显示其框架图。其中，「Technology_SubLayer_2」层包含「显示器」、「键盘」和「鼠标」，「Technology_SubLayer_1」层包含「主机版」、「硬盘」、「软盘」和「网络卡」。

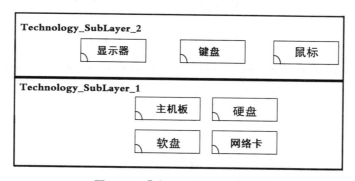

图 5-1　「电脑」系统的框架图

回顾前面所述「机器人」系统的例子，图 5-2 显示其框架图。其中，「Technology_SubLayer_2」层包含「头」一个构件，「Technology_SubLayer_1」层包含「手」和「脚」两个构件。

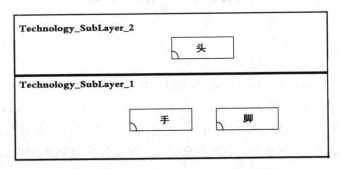

图 5-2　「机器人」系统的框架图

回顾前面所述「SBC_Book」系统的例子，图 5-3 显示其框架图。其中，「Technology_SubLayer_2」层包含「Chapter_1」一个构件，「Technology_SubLayer_1」层包含「Chapter_2」、「Chapter_3」、「Chapter_4」和「Chapter_5」四个构件。

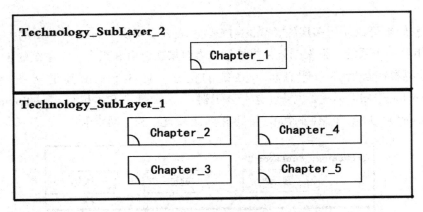

图 5-3　「SBC_Book」系统的框架图

## 5-2　框架图里只能出现非聚合系统

在多阶层（Multi-Level）的架构阶层图里，聚合系统与非聚合系统都可能会

## 第 5 章 框架图

出现。但是在多层级（Multi-Layer）或者多层次（Multi-Tier）的框架图里却只能出现非聚合系统，这是一个非常有趣的对比。

举第一个例来说，在前面章节图 4-7 的架构阶层图里，我们看到了「计算机」、「主机系统」等两个聚合系统以及「显示器」、「键盘」、「鼠标」、「主机版」、「硬盘」、「软盘」、「网络卡」等七个非聚合系统。在与之相对应的本章图 5-1 的框架图里，我们却只有看到「显示器」、「键盘」、「鼠标」、「主机版」、「硬盘」、「软盘」、「网络卡」等七个非聚合系统。

举第二个例来说，在前面章节图 4-8 的架构阶层图里，我们看到了「机器人」、「四肢」等两个聚合系统以及「头」、「手」、「脚」等三个非聚合系统。在与之相对应的本章图 5-2 的框架图里，我们却只有看到「头」、「手」、「脚」等三个非聚合系统。

举第三个例来说，在前面章节图 4-9 的架构阶层图里，我们看到了「SBC_Book」、「Part_1」、「Part_2」等三个聚合系统以及「Chapter_1」、「Chapter_2」、「Chapter_3」、「Chapter_4」、「Chapter_5」等五个非聚合系统。在与之相对应的本章图 5-3 的框架图里，我们却只有看到「Chapter_1」、「Chapter_2」、「Chapter_3」、「Chapter_4」、「Chapter_5」等五个非聚合系统。

# 第6章　构件操作图

构件操作图（Component Operation Diagram，简称为 COD）可以让我们看出一个系统内所有构件的操作。构件操作图是达到「结构行为合一」的第三个金图。前面章节说过，只有做到「结构行为合一」的水平，方才能够满足系统架构学的要求，然后我们才可以得到构件操作图。

在本章构件操作图的介绍里，我们将分别讨论各个构件的操作以及构件操作图的绘制等等课题。

## 6-1　各个构件的操作

操作（Operation）是附属在各个构件上的，代表着此构件的程序（Procedure）、方法（Method）和功能（Function）。其他事物若要使用此构件的功能，则须要呼叫其操作来完成。

在一个系统中的每个构件必须具有至少一个操作。如果它不具备任何操作，则此构件不应该存在于一个系统中。图 6-1 显示「SalePurchaseMenuForm」构件有「SaleInputClick」、「SalePrintClick」、「PurchaseInputClick」、「PurchasePrintClick」等四个操作。

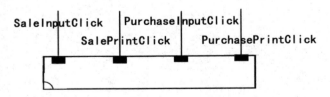

图 6-1　「SalePurchaseMenuForm」构件的四个操作

要完整地表达操作，只显示操作名称是不够的，必须用操作式子（Operation Formula）来表达才会完整。一个操作式子，如图 6-2 所示包括三部分：（A）操作名称、（B）输入参数的名称与数据形态和（C）输出参数的名称与数据形态。

# 第6章 构件操作图

操作名称（In $a_1, a_2, ..., a_M$; Outa$_{M+1}, a_{M+2}, ..., a_{M+N}$）

图6-2 操作式子

操作名称就是这个操作的名字。在一个系统里，我们会给每一个操作一个它自己的名称，而且不准和其他操作名称重复。

一个操作可以拥有多个输入和输出参数。一个系统所有操作所收集到的输入和输出参数，代表了此系统的输入和输出数据观点（Input/Output Data View）或者信息观点（Information View）[Chao12, Date03, Elma10]。如图6-3所示，「SalePrintForm」构件有「ShowModal」、「SalePrintButtonClick」两个操作。其中，「ShowModal」操作没有输入/输出参数；「SalePrintButtonClick」操作则有「sDate」、「sNo」两个输入参数（箭头符号方向是指向「SalePrintForm」构件的）和「s_report」一个输出参数（箭头符号方向是离开「SalePrintForm」构件的）。

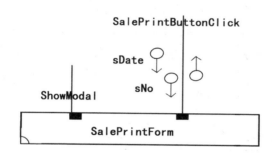

图6-3 「SalePrintForm」构件的输入，输出参数

我们会使用数据形态（Data Type）来表达输入/输出参数的数据格式。数据形态有基本数据形态（Primitive Data Type）和复合数据形态（Composite Data Type）两种，现在让我们来讨论它们。数据形态又称作数据集合（Data Set）。最简单的数据形态就是一些基本数据形态（Primitive Data Type），它包括的范围很广。例如，「Nat」数据形态代表自然数的集合；「Integer」数据形态代表整数的集合；「Real」数据形态代表实数的集合；「Boolean」数据形态代表布尔值的集合。另外，也可以用一些列举（Enumeration）的方法造出基本数据形态。例如, type Season=（春，夏，秋，冬）表示「Season」数据形态有四个值，它们分别是春、夏、秋、冬。图6-4显示一些基本数据形态的范例，并列出它们的可能值。

| 资料形态 | 可能值 |
|---|---|
| Nat | 1, 2, 3, 4, 5... |
| Integer | -123, -35, 0, 1, 24... |
| Real | -4, 8, 12, 35, 37... |
| Boolean | True, Flase |
| Season | 春, 夏, 秋, 冬 |

图 6-4　基本资料形态范例

有了基本数据形态后，就可以开始利用它们来建立新的复合数据形态（Composite Data Type）。建立的方式有联集（Union）、笛卡尔乘积（Cartesian Product）、数组（Array）等等。联集的方法就是将两个以上的数据形态联集而成一种新的数据形态。例如，type BooleanSeason=Boolean+Season，表示「BooleanSeason」数据形态是「Boolean」数据形态、「Season」数据形态两者联集而成的。笛卡尔乘积方法是一种数据聚合（Data Aggregation）的形式。例如，type 生日 = 年 × 月 × 日，表示「生日」数据形态是由「年」数据形态、「月」数据形态、「日」数据形态三者集成而来的。数组是将数据形态的数目从一个变到无限多个。例如，type IntegerArray=array of integer，表示「整数数组」数据形态有一到无限多个整数值；type 生日数组 =array of 生日，表示「生日数组」数据形态有一到无限多个生日值。图 6-5 显示一些复合数据形态的范例，并列出它们的可能值。

| 资料形态 | 可能值 |
|---|---|
| BooleanSeason | True, Flase 春, 夏, 秋, 冬 |
| 生日 | \|1932\|2\|18\|　\|1955\|12\|20\| ,... |
| IntegerArray | \|-3\|,\|-23\|,\|-52\|,...<br>\|-1\| \|-7\| \|-44\|<br>\|22\| \|12\| \|0\|<br>\|77\| \|356\| \|24\|<br>\|...\| \|...\| \|...\| |
| 生日阵列 | \|1980\|2\|2\|　\|1958\|11\|11\|<br>\|1946\|12\|1\|　\|1992\|10\|23\|<br>\|1987\|12\|28\|,\|2001\|2\|8\|,...<br>\|1922\|1\|1\|　\|2003\|8\|18\|<br>\|...\|..\|..\|　\|...\|..\|..\| |

图 6-5　复合资料形态范例

## 第 6 章　构件操作图

复合数据形态可以继续被复合，最后，我们可以得到相当复杂的数据形态，譬如一个数据库（Database）都可以被定义成一个复合数据形态 [Chao12，Date03，Elma10]。

例如，图 6-6 显示在操作式子 SalePrintButtonClick（In sDate, sNo；Out s_report）里的输入参数「sDate」、「sNo」的基本数据形态（Primitive Data Type）的规格。

图 6-7 显示在操作式子 SalePrintButtonClick（In sDate, sNo；Out s_report）里的输出参数「s_report」的复合数据形态（Composite Data Type）的规格。

| 参数 | 资料形态 | 范例 |
|---|---|---|
| sDate | Text | 20100517, 20100612 |
| sNo | Text | 001 002 |

图 6-6　「sDate」、「sNo」的基本数据形态的规格

| 参数 | s_report |
|---|---|
| 资料形态 | TABLE of<br>　Sale Date:Text<br>　Sale　No:Text<br>　Customer:Text<br>　ProducNo:Text<br>　Quantity:Integer<br>　UnPrice:Real<br>　Total:Real<br>End TABLE; |
| 范例 | 销售日期：20100517　　单日编号：001<br>顾客：BarrettBryant<br><br>\| ProductNO \| Quantity \| UnitPrice \|<br>\| A12345 \| 400 \| 100.00 \|<br>\| A00001 \| 300 \| 200.00 \|<br><br>总金额 100,000.00 |

图 6-7　「s_report」的复合数据形态的规格

## 6-2 构件操作图的绘制

针对一个系统，我们使用构件操作图来显示此系统所有构件的操作。例如图 6-8 显示「多层次个人数据系统」四个构件的操作。其中，「MTPDS_GUI」构件有「Calculate_AgeClick」和「Calculate_OverweightClick」两个操作，「Age_Logic」构件有「Calculate_Age」一个操作，「Overweight_Logic」构件有「Calculate_Overweight」一个操作，「Personal_Database」构件有「Sql_DateOfBirth_Select」和「Sql_SexHeightWeight_Select」二个操作。

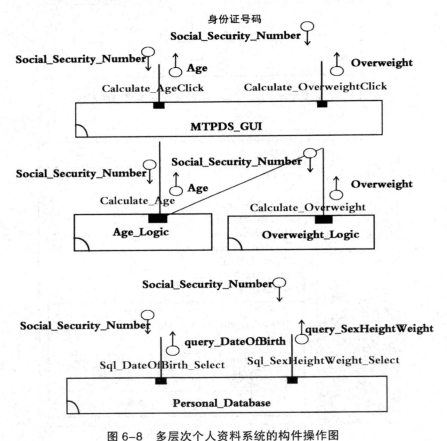

图 6-8　多层次个人资料系统的构件操作图

「Calculate_AgeClick」的操作式子为 Calculate_AgeClick（In Social_Security_Number；Out Age），「Calculate_OverweightClick」的操作式子为 Calculate_OverweightClick（In

Social_Security_Number；Out Overweight），「Calculate_Age」的操作式子为 Calculate_Age（In Social_Security_Number；Out Age），「Calculate_Overweight」的操作式子为 Calculate_Overweight（In Social_Security_Number；Out Overweight），「Sql_DateOfBirth_Select」的操作式子为 Sql_DateOfBirth_Select（In Social_Security_Number；Out query_DateOfBirth），「Sql_SexHeightWeight_Select」的操作式子为 Sql_SexHeightWeight_Select（In Social_Security_Number；Out query_SexHeightWeight）。

图 6-9 显示参数「Social_Security_Number」、「Age」、「Overweight」等等的基本数据形态（Primitive Data Type）的规格。

| 参数 | 资料形态 | 范例 |
|---|---|---|
| Social_Security_Number | Text | 424-87-3651, 512-24-3722 |
| Age | Inteter | 28, 56 |
| Overweight | Boolean | Yes, NO |

图 6-9 基本数据形态的规格

图 6-10 显示在操作式子 Sql_DateOfBirth_Select（In Social_Security_Number；Out query_DateOfBirth）里的输出参数「query_DateOfBirth」的复合数据形态（Composite Data Type）的规格。

| 参数 | query_DateOfBirth |
|---|---|
| 资料形态 | TABLE of<br>　Social_Security_Number: Text<br>　Age: Integer<br>End TABLE; |
| 范例 | 424-87-3651　　　　28<br>512-24-3722　　　　56 |

图 6-10 「query_DateOfBirth」复合数据形态的规格

图 6-11 显示在操作式子 Sql_SexHeightWeight_Select（In Social_Security_Number；Out query_SexHeightWeight）里的输出参数「query_SexHeightWeight」的

复合数据形态（Composite Data Type）的规格。

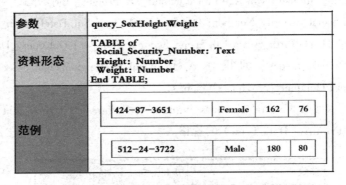

图 6-11 「query_SexHeightWeight」复合数据形态的规格

# 第7章 构件联结图

从系统架构学的精神来看，构件的联结属于系统结构之一。构件联结图（Component Connection Diagram，简称为 CCD）是达到「结构行为合一」的第四个金图。有了构件联结图以后，一个系统的样式（Pattern）会呈现出来，因而一个系统的结构观点会变得更清晰。前面章节说过，只有做到「结构行为合一」的水平，方才能够满足系统架构学的要求，然后我们才可以得到构件联结图。

在本章构件联结图的介绍里，我们将分别讨论联结的实质意义、特殊的联结以及构件联结图的绘制等等课题。

## 7-1 联结的实质意义

一个联结（Connection）和一个构件有关系。一个联结会有两端，这两端都会以构件的型式存在 [Chao09, Chao11, Chao12, Chao14]。如图 7-1 所示，「Component_1」和「Component_2」都是构件。透过联结，两端构件之间的沟通管道（Communication Channel）得以被建立起来。

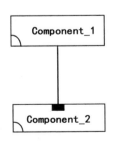

图 7-1 一个链接的两端

联结的两端构件中远离线段黑头端点的一个为客户端（Client），另外一个靠近线段黑头端点的则为伺服端（Server），如图 7-2 所示。通常，伺服端的构件是操作提供者（Operation Provider），即是说，联结的操作是附属于伺服端构件的。

反之，客户端的构件是操作使用者（Operation User），即是说，联结的操作是被客户端构件所使用的。

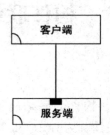

图 7-2　一个链接的客户端和服务端

依据以上的说明，一个联结两端的构件不能都是客户端，也不能都是伺服端，必须是客户端和伺服端各有一个。

## 7-2　特殊的联结

有一些联结显得比较特殊，但它们都是合理的，我们在这里讨论之。第一种特殊联结为两个构件之间有两个联结，在此两个联结里，两个构件的角色各自当一次客户端（Client）和伺服端（Server）。如图 7-3 所示，「构件 _A」和「构件 _B」之间有两个联结，「构件 _A」在第一个联结的角色为客户端，「构件 _B」在第二个联结的角色为客户端。

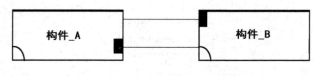

图 7-3　第一种特殊连接

第二种特殊联结为同一个操作（Operation）有两个以上的操作使用者（Operation User）。如图 7-4 所示，「构件 _F」只提供一个操作，结果却有「构件 _C」、「构件 _D」、「构件 _E」三者来联结。

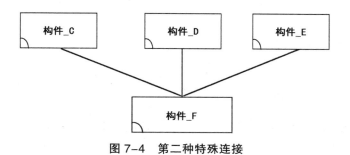

图 7-4　第二种特殊连接

第三种特殊联结为两个构件之间有两个联结，在此两个联结里，两个构件当客户端（Client）和伺服端（Server）的角色维持一致。如图 7-5 所示，「构件_G」和「构件_H」之间有两个联结，「构件_G」在第一和第二个联结的角色都是客户端。

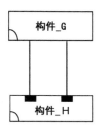

图 7-5　第三种特殊连接的标准图示

一般而言，图 7-5 是第三种特殊联结的标准图示。但为了简单起见，我们常简化之，如图 7-6 所示。

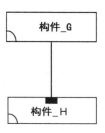

图 7-6　第三种特殊连接的简化图示

## 7-3　构件联结图的绘制

对于结构观点而言，各个构件如何联结（Connect）在一起，是一项重要的课题，如图 7-7 所示。

除去了解各个构件如何互相联结之外，结构观点也会想要了解构件如何和外界环境联结，如图 7-8 所示。

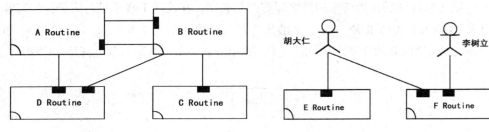

图 7-7　各个构件之间的连接　　　　图 7-8　构件和外界环境之间的连接

综合以上的说明，构件联结图的作用乃是将一个系统内的构件以及外在环境都联结起来，如图 7-9 所示。

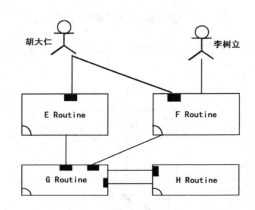

图 7-9　构件联结图的作用乃是构件以及外在环境都联结起来

有了构件联结图以后，一个系统的样式（Pattern）会呈现出来，因而一个系统的结构观点会变得更清晰。

# 第8章 结构行为合一图

结构行为合一图（Structure-Behavior Coalescence Diagram，简称为 SBCD）是达到「结构行为合一」的第五个金图。前面章节说过，只有做到「结构行为合一」的水平，方才能够满足系统架构学的要求，然后我们才可以得到结构行为合一图。

在本章结构行为合一图的介绍里，我们将分别讨论结构行为合一图的目标以及如何绘制结构行为合一图等等课题。

## 8-1 结构行为合一图的目标

采用系统架构学方法，最主要的特色就是只会有一个整合性全体（Integrated Whole）的系统，而不会有各自分离的系统结构和系统行为 [Chao09，Chao11，Chao12]。

有句国外俗话: Seeing Is Believing。换成中文就是：眼见为实。若能有一个图标让我们同时看到系统结构与系统行为，则系统架构学的「结构行为合一」学说会具备更强烈的说服力，这也是结构行为合一图的目标。

图 8-1 显示「多层次个人数据系统」的结构行为合一，外界环境「小学生」和「MTPDS_GUI」、「Age_Logic」、「Personal_Database」等构件互动产生「AgeCalculation」行为，外界环境「小学生」和「MTPDS_GUI」、「Overweight_Logic」、「Personal_Database」等构件互动产生「OverweightCalculation」行为。

一个系统的行为乃是其个别的行为总合起来。例如，「多层次个人数据系统」的整体系统行为包括「AgeCalculation」和「OverweightCalculation」等两个个别的行为。换句话说，「AgeCalculation」和「OverweightCalculation」等两个个别的行为总合起来就等于「多层次个人数据系统」的整体系统行为。「AgeCalculation」和「OverweightCalculation」二者行为彼此之间是相互独立，没有任何牵连的。由于它们彼此之间没有任何瓜葛，因而这两个行为可以同时交错进行（Concurrently Execute），互不干扰 [Hoar85，Miln89，Miln99]。

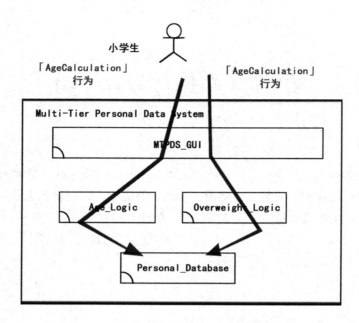

图 8-1 「多层次个人资料系统」的结构行为合一

采用系统架构学,最主要的目标就是只会有一个整合性全体的系统,而不会有各自分离的系统结构和系统行为。在图 8-1 中,我们可以看到,「多层次个人数据系统」的系统结构和系统行为都一起存在其整合性全体的系统里面。换句话说,在「多层次个人数据系统」整合性全体的系统里,我们不但看到它的系统结构,也同时看到它的系统行为。

## 8-2 结构行为合一图的绘制

现在让我们借着绘制结构行为合一图来说明结构行为合一图的用法。结构行为合一图的目标,主要是让我们可以同时看到系统结构与系统行为。为了达到如此的效果,结构行为合一图会先绘制出系统所有的构件以及外界环境,然后再将这些构件之间、以及它们和外界环境的互动一个一个绘制出来。

例如「多层次个人数据系统」共有「AgeCalculation」和「OverweightCalculation」等两个行为。当绘制出「多层次个人数据系统」所有的构件加上外界环境后,再加上「AgeCalculation」行为,我们可以得到图示 8-2。「AgeCalculation」行为显示外界环境「小学生」先和「MTPDS_GUI」构件发生互动,再来使「MTPDS_GUI」构件和「Age_

Logic」构件发生互动。最后「Age_Logic」构件和「Personal_Database」构件发生互动。

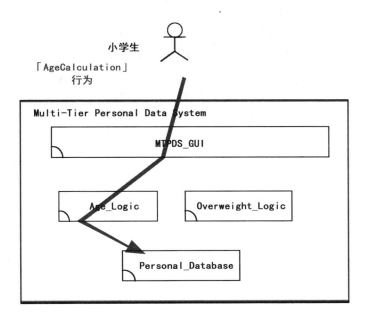

图 8-2 「多层次个人资料系统」的「AgeCalculation」行为

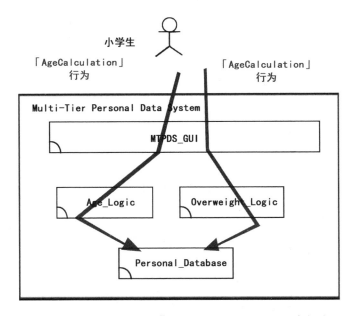

图 8-3 将图 8-2 加上「OverweightCalculation」行为

有了图 8-2 后，再加上「OverweightCalculation」行为，我们可以得到图示 8-3。「OverweightCalculation」行为显示外界环境「小学生」先和「MTPDS_GUI」构件发生互动，再来「MTPDS_GUI」构件和「Overweight_Logic」构件发生互动。最后「Overweight_Logic」构件和「Personal_Database」构件发生互动。

得到图 8-3 之后，我们确实是完成了「多层次个人数据系统」结构行为合一图的绘制。事实上，图 8-3 就是一个「多层次个人数据系统」完整的结构行为合一图。

# 第9章 互动流程图

从系统架构学的精神来看,构件和构件或者环境之间的互动属于系统行为之一。互动流程图(Interaction Flow Diagram,简称为 IFD)是达到「结构行为合一」的第六个金图。前面章节说过,只有做到「结构行为合一」的水平,方才能够满足系统架构学的要求,然后我们才可以得到互动流程图。

在本章互动流程图的介绍里,我们将分别讨论系统行为与互动流程图以及互动流程图的绘制等等课题。

## 9-1 系统行为与互动流程图

一个系统的整体行为包括许多个别的行为。每一个个别的行为代表系统一个情境(Scenario)的执行路径。每个执行路径可以说就是一个互动流程图。执行路径可以说是将系统的内部细节互动串接起来。互动流程图强调的是这些串接起来的互动之先后次序 [Chao09,Chao11,Chao12]。

图 9-1 显示「多媒体 KTV」的个别行为共有两个,因而其互动流程图也共有两个。

| 系统 | 互动流程图 |
|---|---|
| 多媒体 KTV | 「卡拉OK第1首歌」行为 |
|  | 「卡拉OK第2首歌」行为 |

图 9-1 「多媒体 KTV」的互动流程图

图 9-2 显示「机器人」系统的个别行为共有两个,因而其互动流程图也共有两个。

| 系统 | 互动流程图 |
|---|---|
| 机器人 | 「写字」行为 |
| | 「走路」行为 |

图 9-2 「机器人」系统的互动流程图

图 9-3 显示「天灾」系统的个别行为共有三个，因而其互动流程图也共有三个。

| 系统 | 互动流程图 |
|---|---|
| 天灾 | 「水灾」行为 |
| | 「火灾」行为 |
| | 「震灾」行为 |

图 9-3 「天灾」系统的互动流程图

图 9-4 显示「汽车」系统的个别行为共有两个，因而其互动流程图也共有两个。

| 系统 | 互动流程图 |
|---|---|
| 汽车 | 「加速」行为 |
| | 「减速」行为 |

图 9-4 「汽车」系统的互动流程图

图 9-5 显示「脚踏车」系统的个别行为共有三个，因而其互动流程图也共有三个。

图 9-6 显示「算数软件」的个别行为共有两个，因而其互动流程图也共有两个。

图 9-7 显示「多层次个人数据系统」的个别行为共有两个，因而其互动流程图也共有两个。

# 第 9 章  互动流程图

| 系统 | 互动流程图 |
|---|---|
| 脚踏车 | 「前进」行为 |
|  | 「左右转」行为 |
|  | 「刹车」行为 |

图 9-5　「脚踏车」系统的互动流程图

| 系统 | 互动流程图 |
|---|---|
| 算数软件 | 「DIVDE＆MAXMUM」行为 |
|  | 「GCD＆FACTORIAL」行为 |

图 9-6　「算数软件」系统的互动流程图

| 系统 | 互动流程图 |
|---|---|
| 多层次个人资料系统 | 「AgeCalculation」行为 |
|  | 「OverweightCalculation」行为 |

图 9-7　「多层次个人数据系统」的互动流程图

图 9-8 示「销售进货软件」的个别行为共有四个，因而其互动流程图也共有四个。

| 系统 | 互动流程图 |
|---|---|
| 销售进货软件 | 「销售输入」行为 |
|  | 「销售打印」行为 |
|  | 「进货输入」行为 |
|  | 「进货打印」行为 |

图 9-8　「销售进货软件」的互动流程图

图 9-9 显示「接龙游戏」的个别行为共有七个，因而其互动流程图也共有七个。

| 系统 | 互动流程图 |
|---|---|
| 接龙游戏 | 「发牌」行为 |
| | 「复原」行为 |
| | 「纸牌花色」行为 |
| | 「选项」行为 |
| | 「结束」行为 |
| | 「接龙说明」行为 |
| | 「关于接龙」行为 |

图 9-9 「接龙游戏」的互动流程图

图 9-10 显示「智能食安物联网」系统的个别行为共有三个，因而其互动流程图也共有三个。

| 系统 | 互动流程图 |
|---|---|
| 智能食安物联网 | 「食材登入与认证」行为 |
| | 「消费者查询食安」行为 |
| | 「食安状态列印」行为 |

图 9-10 「智能食安物联网」系统的互动流程图

图 9-11 显示「居家照护物联网」系统的个别行为共有五个，因而其互动流程图也共有五个。

图 9-12 显示「智能旅游城市物联网」系统的个别行为共有五个，因而其互动流程图也共有五个。

## 第 9 章　互动流程图

| 系统 | 互动流程图 |
|---|---|
| 居家照护物联网 | 「Registering_Home_Account」行为 |
| | 「Sensing_Resident_Position」行为 |
| | 「Alents_Notifying」行为 |
| | 「Recording_Emergency_Responses」行为 |
| | 「Printing_Honthly_Statistics」行为 |

图 9-11　「居家照护物联网」系统的互动流程图

| 系统 | 互动流程图 |
|---|---|
| 智能旅游城市物联网 | 「Crcating_New_Account」行为 |
| | 「Showing_Scenic_Spots_City Map」行为 |
| | 「Extracting_Attaction_Details」行为 |
| | 「Piarming_Personalized_Itinerary」行为 |
| | 「Scenic_Spot_Checking_In_And_Recommending」行为 |

图 9-12　「智能旅游城市物联网」的互动流程图

## 9-2　互动流程图的绘制

现在让我们借着绘制互动流程图来说明互动流程图的用法。如图 9-13 显示「算数软件」一个名称为「DIVIDE&MAXIMUM」的个别行为的互动流程图。互动流程图的 X 轴方向是从左边到右边，Y 轴方向则是从上方到下方。在图中，参与互动的外界环境（Outside Environment）和各个构件（Component）被沿着 X 轴方向放置在互动流程图的顶端。一般而言，启动此一串互动的构件（或外界环境）要放在 X 轴最左边，然后依序将其他构件（或外界环境）沿着 X 轴向右放置。接着，在沿着 Y 轴方向将每一个构件（或外界环境）所发生的互动（Interaction）依照其执行时间的先后顺序摆设上去。最先执行的互动放在 Y 轴最上方，最后执行的互

动放在 Y 轴最下方。图中互动线段实线表示操作呼叫（Operation Call），互动线段虚线表示操作传回（Operation Return）。操作呼叫和操作传回属于同一个操作，操作呼叫是操作开始时的互动，操作传回是操作结束时的互动。

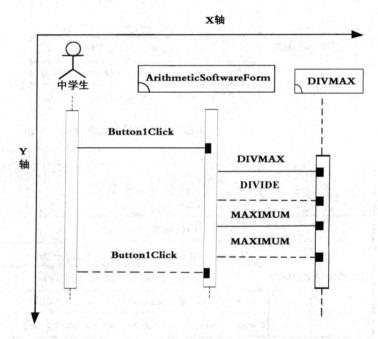

图 9-13 「DIVIDE&MAXIMUM」行为的互动流程图

在图 9-13 中，「中学生」是外界环境，「ArithmeticSoftwareForm」、「DIVMAX」等等都是构件；「Button1Click」是由「ArithmeticSoftwareForm」构件所提供的操作，「DIVIDE」、「MAXIMUM」是由「DIVMAX」构件所提供的操作。

图 9-13 的执行路径如下：首先，外界环境「中学生」和「ArithmeticSoftwareForm」构件会发生「Button1Click」操作呼叫的互动。接着，「ArithmeticSoftwareForm」构件和「DIVMAX」构件会发生「DIVIDE」操作呼叫的互动。再来，「ArithmeticSoftwareForm」构件和「DIVMAX」构件会发生「DIVIDE」操作传回的互动。继续，「ArithmeticSoftwareForm」构件和「DIVMAX」构件会发生「MAXIMUM」操作呼叫的互动。跟着，「ArithmeticSoftwareForm」构件和「DIVMAX」构件会发生「MAXIMUM」操作传回的互动。最后，外界环境「中学生」和「ArithmeticSoftwareForm」构件会发生「Button1Click」操作传回的互动。

在互动流程图里面有四个要素：（A）外界环境、（B）构件、（C）互动

（Interaction）、（D）输出入参数。外界环境和构件都被沿着 X 轴放置在互动流程图的顶端。互动是外界环境和构件或者构件和构件之间产生行为的来源，图 9-14 表示两者以线段、操作名称、输出入参数来完成互动。其中，以「Demand」操作呼叫（Operation Call）的互动为例，远离线段黑头端点的外界环境「旅人」为操作使用者（Operation User）；而靠近线段黑头端点的「旅行社」构件为操作提供者（Operation Provider），「a」为「Demand」操作的输入参数。再者，以「Demand」操作传回（Operation Return）的互动为例，远离线段黑头端点的外界环境「旅人」为操作使用者（Operation User），而靠近线段黑头端点的「旅行社」构件为操作提供者（Operation Provider），「d」为「Demand」操作的输出参数。

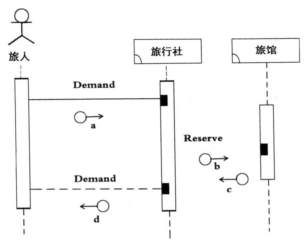

图 9-14　操作呼叫和操作传回使用同一个「Demand」操作

图 9-14 的执行路径如下：首先，外界环境「旅人」和「旅行社」构件会发生「Demand」操作呼叫，并带着「a」输入参数的互动。接着，「旅行社」构件和「旅馆」构件会发生「Reserve」操作呼叫，并带着「b」输入参数以及「c」输出参数的互动。最后，外界环境「旅人」和「旅行社」构件会发生「Demand」操作传回，并带着「d」输出参数的互动。

互动的状况可以是条件型（Conditional）的，如图 9-15 所示。图中的执行路径如下：首先，外界环境「员工」和「计算机」构件会发生「Open」操作呼叫，并带着「x」输入参数的互动。再来，if「var_1 < 4 & var_2 > 7」then「计算机」构件和「Skype」构件会发生「Op_1」操作呼叫的互动，然后「Skype」构件和「耳机」构件会发生「Op_4」操作呼叫，并带着「aaa」输出参数的互动；elseif「var_3 = 99」then「计算机」构件和

「Skype」构件会发生「Op_2」操作呼叫的互动，然后「Skype」构件和「喇叭」构件会发生「Op_5」操作呼叫，并带着「bbb」输出参数的互动；else「计算机」构件和「CD_Player」构件会发生「Op_3」操作呼叫的互动，然后「CD_Player」构件和「喇叭」构件会发生「Op_6」操作呼叫，并带着「ccc」输出参数的互动。继续，if「var_1 < 4 & var_2 > 7」then「计算机」构件和「Skype」构件会发生「Op_1」操作传回，并带着「aa」输出参数的互动；elseif「var_3 = 99」then「计算机」构件和「Skype」构件会发生「Op_2」操作传回，并带着「bb」输出参数的互动；else「计算机」构件和「CD_Player」构件会发生「Op_3」操作传回，并带着「cc」输出参数的互动。最后，外界环境「员工」和「计算机」构件会发生「Open」操作传回，并带着「y」输出参数的互动。

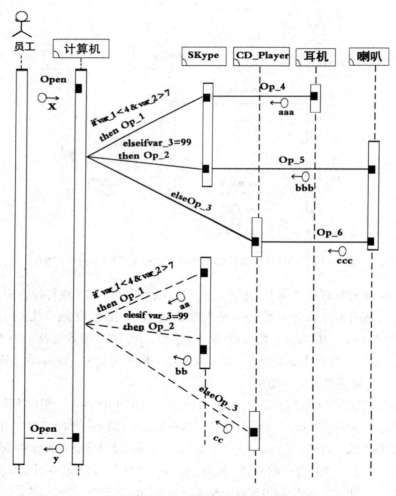

图 9-15　条件式的互动

图 9-15 中出现了几个布尔条件，它们分别是「var_1 < 4 & var_2 > 7」以及「var_3 = 99」。在布尔条件内出现的变量，例如 var_1, var_2 以及 var_3，可以是局部变量（Local Variables），也可以是全局变量（Golbal Variables）[Prat00, Seth96]。

## 系统架构学范例

# 第10章 多媒体 KTV 的系统架构设计

「多媒体 KTV」主要是提供「卡拉 OK 第 1 首歌」以及「卡拉 OK 第 2 首歌」等两个行为。透过这两个行为，外界环境「歌唱者」会和此「多媒体 KTV」系统产生互动，如图 10-1 所示。

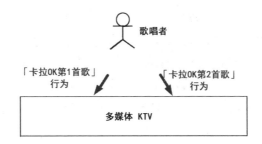

图 10-1 「多媒体 KTV」的行为

在本章「多媒体 KTV」的范例里，我们将依序使用 SBC 架构描述语言（SBC Architecture Description Language，简称为 SBC-ADL）的六大金图：（A）架构阶层图、（B）框架图、（C）构件操作图、（D）构件联结图、（E）结构行为合一图、（F）互动流程图，来完成此「多媒体 KTV」的系统架构设计。

## 10-1　架构阶层图

首先，我们使用多阶层（Multi-Level）分解和组合方式将「多媒体 KTV」的架构阶层图（Architecture Hierarchy Diagram，简称为 AHD）绘制出来，如图 10-2 所示。（架构阶层图是达到系统架构学的「结构行为合一」第一个金图。）

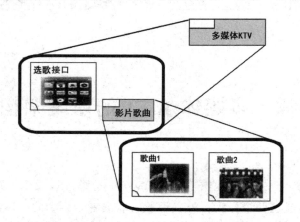

图 10-2　「多媒体 KTV」架构阶层图

在图 10-2 里，首先「多媒体 KTV」会分解出「选歌接口」和「歌曲影片」，然后「歌曲影片」再分解出「歌曲 1」和「歌曲 2」；反之，「歌曲 1」和「歌曲 2」先组成「歌曲影片」，然后「选歌界面」和「歌曲影片」再组成「多媒体 KTV」。其中，「多媒体 KTV」和「歌曲影片」为聚合系统（Aggregated System），「选歌接口」、「歌曲 1」和「歌曲 2」为非聚合系统（Non-Aggregated System）。

## 10-2　框架图

我们使用框架图来多层级（Multi-Layer）或者多层次（Multi-Tier）分解和组合一个系统。图 10-3 显示在「多媒体 KTV」系统的框架图里，「Application_SubLayer_2」层包含「选歌接口」一个构件，「Application_SubLayer_1」层包含「歌曲 1」和「歌曲 2」二个构件。（框架图是达到系统架构学的「结构行为合一」第二个金图。）

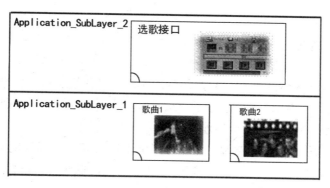

图 10-3 「多媒体 KTV」的框架图

## 10-3 构件操作图

另外，我们也会建置出「多媒体 KTV」所有构件的操作。图 10-4 使用构件操作图来显示「多媒体 KTV」三个构件的操作。其中，「选歌接口」有「选第 1 首歌」和「选第 2 首歌」等两个操作，「歌曲 1」有「播放第 1 首歌」和「跟唱第 1 首歌」等两个操作，「歌曲 2」有「播放第 2 首歌」和「跟唱第 2 首歌」等两个操作。（构件操作图是达到系统架构学的「结构行为合一」第三个金图。）

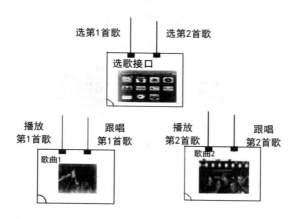

图 10-4 「多媒体 KTV」的构件操作图

## 10-4  构件联结图

完成「多媒体 KTV」的构件与操作后，我们可以开始绘制「多媒体 KTV」内所有构件的联结。「多媒体 KTV」除了「选歌接口」、「歌曲 1」、「歌曲 2」等构件外，尚有一个名称为「歌唱者」的外界环境。

图 10-5 使用构件联结图来显示在「多媒体 KTV」里，外界环境「歌唱者」和「选歌接口」、「歌曲 1」、「歌曲 2」等构件彼此之间的联结。（构件联结图是达到系统架构学的「结构行为合一」第四个金图。）

在图 10-5 中，外界环境「歌唱者」和「选歌接口」构件有联结，「选歌接口」构件和「歌曲 1」构件，「选歌接口」构件和「歌曲 2」构件也有联结。

有了构件联结图以后，「多媒体 KTV」的样式会呈现出来，因而「多媒体 KTV」的结构观点会变得更清晰。

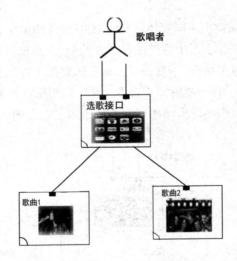

图 10-5  「多媒体 KTV」的构件联结图

## 10-5  结构行为合一图

在「多媒体 KTV」里，外界环境和它三个构件之间的互动，会产生「多媒体 KTV」的系统行为。如图 10-6 所示，外界环境「歌唱者」和「选歌接口」、「歌曲

1」等构件互动产生「卡拉 OK 第 1 首歌」行为,外界环境「歌唱者」和「选歌接口」、「歌曲 2」等构件互动产生「卡拉 OK 第 2 首歌」行为。(结构行为合一图是达到系统架构学的「结构行为合一」第五个金图。)

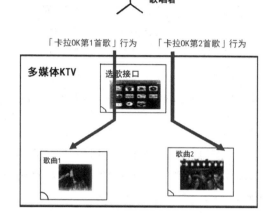

图 10-6 「多媒体 KTV」的结构行为合一图

采用系统架构学,最主要的目标就是只会有一个整合性全体的系统,而不会有各自分离的系统结构和系统行为。在图 10-6 中,我们可以看到,「多媒体 KTV」的系统结构和系统行为都一起存在其整合性全体的系统里面。换句话说,在「多媒体 KTV」整合性全体的系统里,我们不但看到它的系统结构,也同时看到它的系统行为。

## 10-6 互动流程图

我们可以绘制互动流程图来描述系统行为。本节就「多媒体 KTV」的互动流程图进行讨论。(互动流程图是达到系统架构学的「结构行为合一」第六个金图。)

「多媒体 KTV」系统的互动流程图共有两个,我们会将它们分别绘制出来。图 10-7 说明「卡拉 OK 第 1 首歌」行为的互动流程图。外界环境「歌唱者」和「选歌接口」会发生「选第 1 首歌」操作呼叫的互动。再来,「选歌接口」和「歌曲 1」会发生「播放第 1 首歌」操作呼叫的互动。最后,外界环境「歌唱者」和「歌曲 1」会发生「跟唱第 1 首歌」操作呼叫的互动。

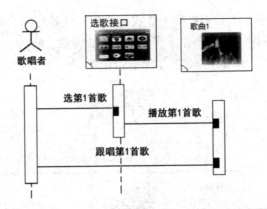

图 10-7　「卡拉 OK 第 1 首歌」行为的互动流程图

　　图 10-8 说明「卡拉 OK 第 2 首歌」行为的互动流程图。外界环境「歌唱者」和「选歌接口」会发生「选第 2 首歌」操作呼叫的互动。再来，「选歌接口」和「歌曲 2」会发生「播放第 2 首歌」操作呼叫的互动。最后，外界环境「歌唱者」和「歌曲 2」会发生「跟唱第 2 首歌」操作呼叫的互动。

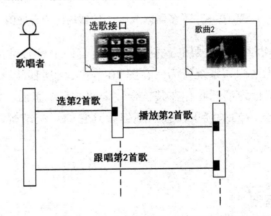

图 10-8　「卡拉 OK 第 2 首歌」行为的互动流程图

# 第11章 机器人的系统架构设计

「机器人」主要是提供「写字」以及「走路」等两个行为。透过这两个行为，外界环境「遥控者」会和此「机器人」产生互动，如图 11-1 所示。

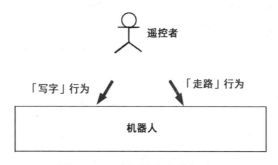

图 11-1 「机器人」的行为

在本章「机器人」的范例里，我们将依序使用 SBC 架构描述语言（SBC Architecture Description Language）的六大金图：（A）架构阶层图、（B）框架图、（C）构件操作图、（D）构件联结图、（E）结构行为合一图、（F）互动流程图，来完成此「机器人」的系统架构设计。

## 11-1 架构阶层图

首先，我们使用多阶层（Multi-Level）分解和组合方式将「机器人」的架构阶层图（Architecture Hierarchy Diagram，简称为 AHD）绘制出来，如图 11-2 所示。（架构阶层图是达到系统架构学的「结构行为合一」第一个金图。）

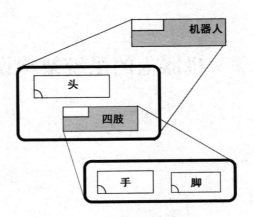

图 11-2 「机器人」的架构阶层图

在图 11-2 里，首先「机器人」分解出「头」和「四肢」，然后「四肢」再分解出「手」和「脚」；反之，「手」和「脚」先组成「四肢」，然后「头」和「四肢」再组成「机器人」。其中，「机器人」和「四肢」为聚合系统（Aggregated System），「头」、「手」和「脚」为非聚合系统（Non-Aggregated System）。

## 11-2 框架图

我们使用框架图来多层级（Multi-Layer）或者多层次（Multi-Tier）分解和组合一个系统。图 11-3 显示在「机器人」的框架图里，「Technology_SubLayer_2」层包含「头」一个构件，「Technology_SubLayer_1」层包含「手」和「脚」等两个构件。（框架图是达到系统架构学的「结构行为合一」第二个金图。）

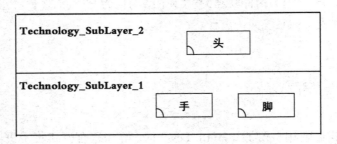

图 11-3 「机器人」的框架图

## 11-3 构件操作图

另外，我们也会建置出「机器人」所有构件的操作。图 11-4 使用构件操作图来显示「机器人」三个构件的操作。其中，「头」构件有「接受写字指示」和「接受走路指示」两个操作，「手」构件有一个「动手」的操作，「脚」构件有一个「动脚」的操作。（构件操作图是达到系统架构学的「结构行为合一」第三个金图。）

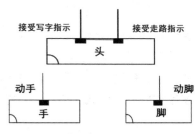

图 11-4 「机器人」的构件操作图

## 11-4 构件联结图

完成「机器人」的构件与操作后，我们可以开始绘制「机器人」内所有构件的联结。「机器人」除了「头」、「手」、「脚」等构件外，尚有一个名称为「遥控者」的外界环境。

图 11-5 使用构件联结图来显示在「机器人」里，外界环境「遥控者」和「头」、「手」、「脚」等构件之间的联结。（构件联结图是达到系统架构学的「结构行为合一」第四个金图。）

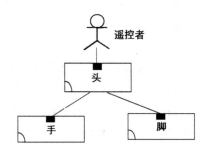

图 11-5 「机器人」的构件联结图

在图 11-5 中，外界环境「遥控者」和「头」构件有联结，「头」构件和「手」构件有联结，「头」构件和「脚」构件也有联结。

有了构件联结图以后，「机器人」的样式会呈现出来，因而「机器人」的结构观点会变得更清晰。

## 11-5 结构行为合一图

在「机器人」里，外界环境和它三个构件之间的互动，会产生「机器人」的系统行为。如图 11-6 所示，外界环境「遥控者」和「头」、「手」等构件互动产生「写字」行为，外界环境「遥控者」和「头」、「脚」等构件互动产生「走路」行为。（结构行为合一图是达到系统架构学的「结构行为合一」第五个金图。）

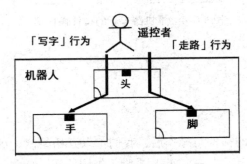

图 11-6　「机器人」的结构行为合一图

一个系统的行为乃是其个别的行为总合起来。例如，「机器人」的整体系统行为包括「写字」和「走路」等两个个别的行为。换句话说，「写字」和「走路」等两个个别的行为总合起来就等于「机器人」的整体系统行为。「写字」行为和「走路」行为二者彼此之间是相互独立，没有任何牵连的。由于它们彼此之间没有任何瓜葛，因而这两个行为可以同时交错进行（Concurrently Execute），互不干扰 [Hoar85，Miln89，Miln99]。

采用系统架构学，最主要的目标就是只会有一个整合性全体的系统，而不会有各自分离的系统结构和系统行为。在图 11-6 中，我们可以看到，「机器人」的系统结构和系统行为都一起存在其整合性全体的系统里面。换句话说，在机器人整合性全体的系统里，我们不但看到它的系统结构，也同时看到它的系统行为。

## 11-6 互动流程图

一个系统的整体行为包括许多个别的行为。每一个个别的行为代表系统一个情境（Scenario）的执行路径。每个执行路径可以说就是一个互动流程图。执行路径可以说是将系统的内部细节互动串接起来。互动流程图强调的是这些串接起来的互动之先后次序。（互动流程图是达成系统架构学的「结构行为合一」第六个金图。）

「机器人」的互动流程图共有两个，我们会将它们分别绘制出来。图 11-7 说明「写字」行为的互动流程图。首先，外界环境「遥控者」和「头」会发生「接受写字指示」操作呼叫的互动。再来，「头」和「手」会发生「动手」操作呼叫的互动。

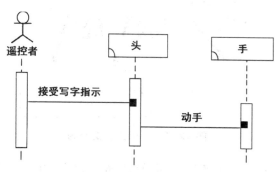

图 11-7 「写字」行为的互动流程图

图 11-8 说明「走路」行为的互动流程图。首先，外界环境「遥控者」和「头」会发生「接受走路指示」操作呼叫的互动。再来，「头」和「脚」会发生「动脚」操作呼叫的互动。

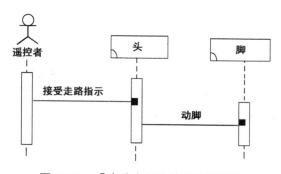

图 11-7 「走路」行为的互动流程图

# 第12章 天灾的系统架构设计

「天灾」主要是包括「水灾」、「火灾」以及「震灾」等三个行为。这三个行为乃是外界环境「大气层」、「老鼠」以及「大自然」和此「天灾」系统相互间互动所产生出来的，如图12-1所示。

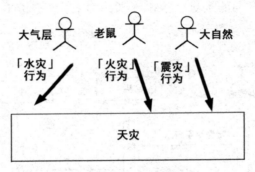

图12-1 「天灾」的行为

在本章「天灾」的范例里，我们将依序使用SBC架构描述语言（SBC Architecture Description Language）的六大金图：（A）架构阶层图、（B）框架图、（C）构件操作图、（D）构件联结图、（E）结构行为合一图、（F）互动流程图，来完成此「天灾」的系统架构设计。

## 12-1 架构阶层图

首先，我们使用多阶层（Multi-Level）分解和组合方式将「天灾」的架构阶层图（Architecture Hierarchy Diagram，简称为AHD）绘制出来，如图12-2所示。（架构阶层图是达到系统架构学的「结构行为合一」第一个金图。）

# 第 12 章　天灾的系统架构设计

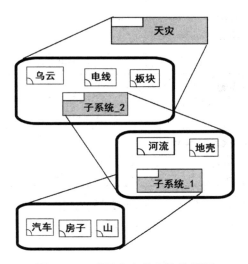

图 12-2 「天灾」的架构阶层图

在图 12-2 里，首先「天灾」分解出「乌云」、「电线」、「板块」和「子系统_2」，再来「子系统_2」分解出「河流」、「地壳」和「子系统_1」，最后「子系统_1」分解出「汽车」、「房子」和「山」；反之，「汽车」、「房子」和「山」先组成「子系统_1」，再来「河流」、「地壳」和「子系统_1」组成「子系统_2」，最后「乌云」、「电线」、「板块」和「子系统_2」组成「天灾」。其中，「天灾」、「子系统_2」和「子系统_1」为聚合系统（Aggregated System），「乌云」、「电线」、「板块」、「河流」、「地壳」、「汽车」、「房子」和「山」为非聚合系统（Non-Aggregated System）。

## 12-2　框架图

我们使用框架图来多层级（Multi-Layer）或者多层次（Multi-Tier）分解和组合一个系统。图 12-3 显示在「天灾」系统的框架图里，「Technology_SubLayer_3」层包含「乌云」、「电线」、「板块」等构件，「Technology_SubLayer_2」层包含「河流」和「地壳」等构件，「Technology_SubLayer_1」层包含「汽车」、「房子」和「山」等构件。（框架图是达到系统架构学的「结构行为合一」第二个金图。）

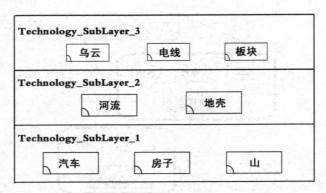

图 12-3 「天灾」的框架图

## 12-3 构件操作图

另外，我们也会建置出「天灾」所有构件的操作。图 12-4 使用构件操作图来显示「天灾」八个构件的操作。其中，「乌云」构件有「云层累积」一个操作，「河流」构件有「满水位」一个操作，「汽车」构件有「泡水」一个操作，「房子」构件有「积水」、「着火」、「屋倒」等三个操作，「电线」构件有「咬破」一个操作，「地壳」构件有「震动」一个操作，「山」构件有「走山」一个操作。（构件操作图是达到系统架构学的「结构行为合一」第三个金图。）

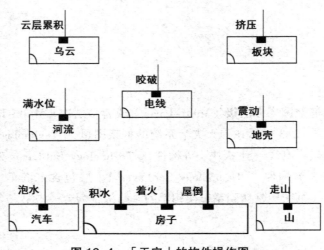

图 12-4 「天灾」的构件操作图

## 12-4 构件联结图

完成「天灾」的构件与操作后，我们可以开始绘制「天灾」内所有构件的联结。「天灾」除了「乌云」、「河流」、「汽车」、「房子」、「电线」、「板块」、「地壳」、「山」等构件外，尚有三个名称为「大气层」、「老鼠」、「大自然」的外界环境。

图 12-5 使用构件联结图来显示在「天灾」里，「大气层」、「老鼠」、「大自然」外界环境和「乌云」、「河流」、「汽车」、「房子」、「电线」、「板块」、「地壳」、「山」等构件彼此之间的联结。（构件联结图是达到系统架构学的「结构行为合一」第四个金图。）

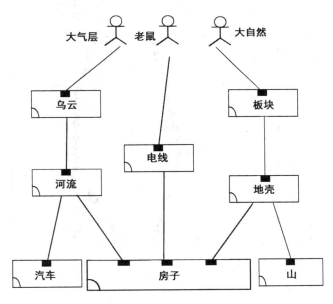

图 12-5 「天灾」的构件联结图

在图 12-5 中，外界环境「大气层」和「乌云」构件有联结，「乌云」构件和「河流」构件有联结，「河流」构件和「汽车」、「房子」等构件有联结，外界环境「老鼠」和「电线」构件有联结，「电线」构件和「房子」构件有联结，外界环境「大自然」和「板块」构件有联结，「板块」构件和「地壳」构件有联结，「地壳」构件和「房子」、「山」等构件有联结。

有了构件联结图以后，「天灾」的样式会呈现出来，因而「天灾」的结构观点会变得更清晰。

## 12-5 结构行为合一图

在「天灾」里，外界环境和它的八个构件之间的互动，会产生「天灾」的系统行为。如图 12-6 所示，外界环境「大气层」和「乌云」、「河流」、「汽车」、「房子」等构件互动产生「水灾」行为，外界环境「老鼠」和「电线」、「房子」等构件互动产生「火灾」行为，外界环境「大自然」和「板块」、「地壳」、「山」、「房子」等构件互动产生「震灾」行为。（结构行为合一图是达到系统架构学的「结构行为合一」第五个金图。）

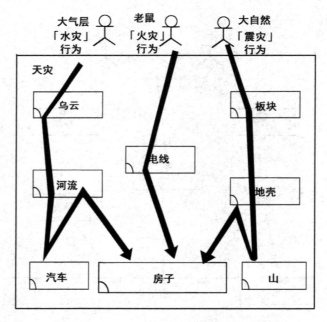

图 12-6 「天灾」的结构行为合一图

一个系统的行为乃是其个别的行为总合起来。例如，「天灾」的整体系统行为包括「水灾」、「火灾」、「震灾」等三个个别的行为。换句话说，「水灾」、「火灾」、「震灾」等三个个别的行为总合起来就等于「天灾」的整体系统行为。「水灾」、「火灾」、「震灾」三者行为彼此之间是相互独立，没有任何牵连的。由于它们彼此之间没有任何瓜葛，因而这三个行为可以同时交错进行（Concurrently Execute），互不干扰 [Hoar85，Miln89，Miln99]。

采用系统架构学，最主要的目标就是只会有一个整合性全体的系统，而不会

有各自分离的系统结构和系统行为。在图 12-6 中，我们可以看到，「天灾」的系统结构和系统行为都一起存在其整合性全体的系统里面。换句话说，在「天灾」整合性全体的系统里，我们不但看到它的系统结构，也同时看到它的系统行为。

## 12-6　互动流程图

　　一个系统的整体行为包括许多个别的行为。每一个个别的行为代表系统一个情境（Scenario）的执行路径。每个执行路径可以说就是一个互动流程图。执行路径可以说是将系统的内部细节互动串接起来。互动流程图强调的是这些串接起来的互动之先后次序。（互动流程图是达成系统架构学的「结构行为合一」第六个金图。）

　　「天灾」的互动流程图共有三个，我们会将它们分别绘制出来。图 12-7 说明「水灾」行为的互动流程图。首先，外界环境「大气层」和「乌云」构件发生「云层累积」操作呼叫的互动。接着，「乌云」构件和「河流」构件发生「满水位」操作呼叫的互动。再来，「河流」构件和「汽车」构件发生「泡水」操作呼叫的互动。最后，「河流」构件和「房子」构件发生「积水」操作呼叫的互动。

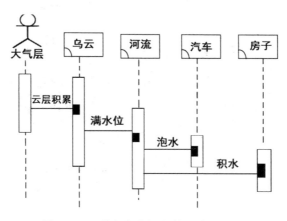

图 12-7　「水灾」行为的互动流程图

　　图 12-8 说明「火灾」行为的互动流程图。首先，外界环境「老鼠」和「电线」构件发生「咬破」操作呼叫的互动。接着，「电线」构件和「房子」构件发生「着火」操作呼叫的互动。

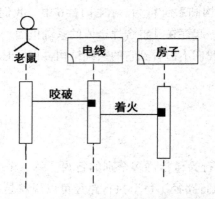

图 12-8 「火灾」行为的互动流程图

图 12-9 说明「震灾」行为的互动流程图。首先，外界环境「大自然」和「板块」构件发生「挤压」操作呼叫的互动。接着，「板块」构件和「地壳」构件发生「震动」操作呼叫的互动。再来，「地壳」构件和「山」构件发生「走山」操作呼叫的互动。最后，「地壳」构件和「房子」构件发生「屋倒」操作呼叫的互动。

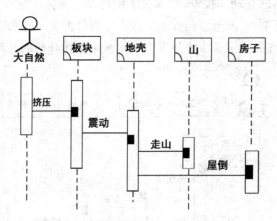

图 12-9 「震灾」行为的互动流程图

# 第13章 汽车的系统架构设计

「汽车」主要是提供「加速」以及「减速」等两个行为。透过这两个行为,外界环境「驾驶员」会和此「汽车」产生互动,如图 13-1 所示。

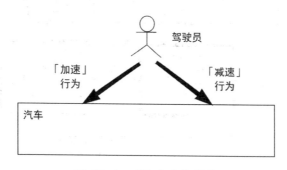

图 13-1 「汽车」的行为

在本章「汽车」的范例里,我们将依序使用 SBC 架构描述语言(SBC Architecture Description Language)的六大金图:(A)架构阶层图、(B)框架图、(C)构件操作图、(D)构件联结图、(E)结构行为合一图、(F)互动流程图,来完成此「汽车」的系统架构设计。

## 13-1 架构阶层图

首先,我们使用多阶层(Multi-Level)分解和组合方式将「汽车」的架构阶层图(Architecture Hierarchy Diagram,简称为 AHD)绘制出来,如图 13-2 所示。(架构阶层图是达到系统架构学的「结构行为合一」第一个金图。)

在图 13-2 中,首先「汽车」分解出「排挡」、「加速子系统」和「减速子系统」,然后「加速子系统」分解出「加油踏板」和「引擎」,再来「减速子系统」分解出「刹车踏板」和「刹车皮」;反之,「加油踏板」和「引擎」先组成「加速子系统」,然后「刹车踏板」和「刹车皮」组成「减速子系统」,再来「排挡」、「加

速子系统」和「减速子系统」组成「汽车」。其中,「汽车」、「加速子系统」和「减速子系统」为聚合系统(Aggregated System),「排挡」、「加油踏板」、「引擎」、「刹车踏板」和「刹车皮」为非聚合系统(Non-Aggregated System)。

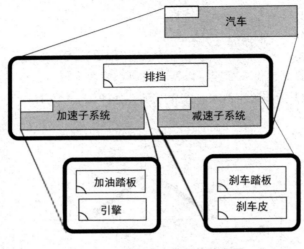

图 13-2 「汽车」的架构阶层图

## 13-2 框架图

我们使用框架图来多层级(Multi-Layer)或者多层次(Multi-Tier)分解和组合一个系统。图 13-3 显示在「汽车」的框架图里,「Technology_SubLayer_2」层包含「排挡」一个构件,「Technology_SubLayer_1」层包含「加油踏板」、「引擎」、「刹车踏板」和「刹车皮」等四个构件。(框架图是达到系统架构学的「结构行为合一」第二个金图。)

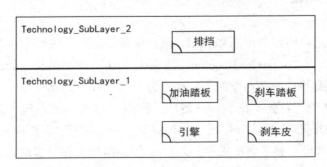

图 13-3 「汽车」的框架图

## 13-3 构件操作图

另外，我们也会建置出「汽车」所有构件的操作。图13-4使用构件操作图来显示「汽车」五个构件的操作。其中，「排挡」构件有「入挡」一个操作，「加油踏板」构件有一个「踩加油」的操作，「引擎」构件有一个「进油」的操作，「刹车踏板」构件有一个「踩刹车」的操作，「刹车皮」构件有一个「夹紧」的操作。（构件操作图是达到系统架构学的「结构行为合一」第三个金图。）

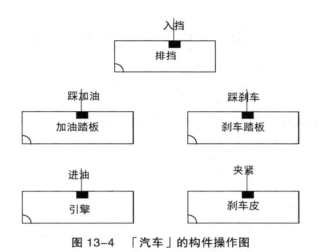

图13-4　「汽车」的构件操作图

## 13-4 构件联结图

完成「汽车」的构件与操作后，我们可以开始绘制「汽车」内所有构件的联结。「汽车」除了「排挡」、「加油踏板」、「引擎」、「刹车踏板」和「刹车皮」等构件外，尚有一个名称为「驾驶员」的外界环境。

图13-5使用构件联结图来显示在「汽车」里，外界环境「驾驶员」和「排挡」、「加油踏板」、「引擎」、「刹车踏板」以及「刹车皮」等构件之间的联结。（构件联结图是达到系统架构学的「结构行为合一」第四个金图。）

在图13-5中，外界环境「驾驶员」和「排挡」、「加油踏板」、「刹车踏板」等构件都有联结，「加油踏板」构件和「引擎」构件有联结，「刹车踏板」构件和「刹车皮」构件也有联结。

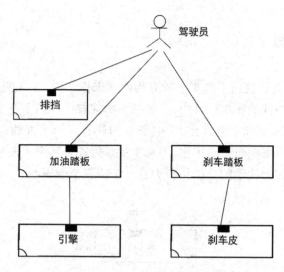

图 13-5 「汽车」的构件联结图

有了构件联结图以后，「汽车」的样式会呈现出来，因而「汽车」的结构观点会变得更清晰。

## 13-5 结构行为合一图

在「汽车」里，外界环境和它五个构件之间的互动，会产生「汽车」的系统行为。如图 13-6 所示，外界环境「驾驶员」和「排挡」、「加油踏板」、「引擎」等构件互动产生「加速」行为，外界环境「驾驶员」和「刹车踏板」、「刹车皮」等构件互动产生「减速」行为。（结构行为合一图是达到系统架构学的「结构行为合一」第五个金图。）

一个系统的行为乃是其个别的行为总合起来。例如，「汽车」的整体系统行为包括「加速」和「减速」等两个个别的行为。换句话说，「加速」和「减速」等两个个别的行为总合起来就等于「汽车」系统的整体系统行为。「加速」和「减速」二者行为彼此之间是相互独立，没有任何牵连的。由于它们彼此之间没有任何瓜葛，因而这两个行为可以同时交错进行（Concurrently Execute），互不干扰 [Hoar85, Miln89, Miln99]。

采用系统架构学，最主要的目标就是只会有一个整合性全体的系统，而不会有各自分离的系统结构和系统行为。在图 13-6 中，我们可以看到，「汽车」的系

统结构和系统行为都一起存在其整合性全体的系统里面。换句话说，在「汽车」整合性全体的系统里，我们不但看到它的系统结构，也同时看到它的系统行为。

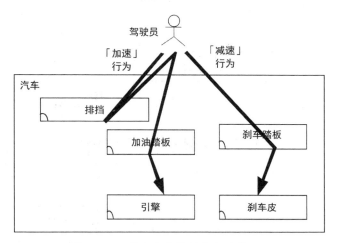

图 13-6 「汽车」的结构行为合一图

## 13-6 互动流程图

一个系统的整体行为包括许多个别的行为。每一个个别的行为代表系统一个情境（Scenario）的执行路径。每个执行路径可以说就是一个互动流程图。执行路径可以说是将系统的内部细节互动串接起来。互动流程图强调的是这些串接起来的互动之先后次序。（互动流程图是达成系统架构学的「结构行为合一」第六个金图。）

「汽车」的互动流程图共有两个，我们会将它们分别绘制出来。图 13-7 说明「加速」行为的互动流程图。首先，外界环境「驾驶员」和「排挡」发生「入档」操作呼叫的互动。接着，「驾驶员」和「加油踏板」发生「踩加油」操作呼叫的互动。最后，「加油踏板」和「引擎」会发生「进油」操作呼叫的互动。

图 13-8 说明「减速」行为的互动流程图。首先，外界环境「驾驶员」和「刹车踏板」会发生「踩刹车」操作呼叫的互动。再来，「刹车踏板」和「刹车皮」会发生「夹紧」操作呼叫的互动。

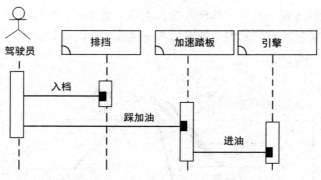

图 13-7 「加速」行为的互动流程图

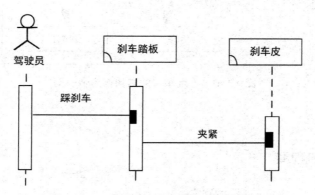

图 13-8 「减速」行为的互动流程图

# 第14章　脚踏车的系统架构设计

脚踏车系统主要是提供「前进」、「左右转」以及「刹车」等三个行为。透过这三个行为，外界环境「小骑士」会和此脚踏车系统产生互动，如图 14-1 所示。

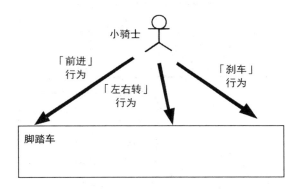

图 14-1　脚踏车的行为

在本章脚踏车的范例里，我们将依序使用 SBC 架构描述语言（SBC Architecture Description Language）的六大金图：（A）架构阶层图、（B）框架图、（C）构件操作图、（D）构件联结图、（E）结构行为合一图、（F）互动流程图来完成此脚踏车的系统架构设计。

## 14-1　架构阶层图

首先，我们使用多阶层（Multi-Level）分解和组合方式将脚踏车的架构阶层图（Architecture Hierarchy Diagram，简称为 AHD）绘制出来，如图 14-2 所示。（架构阶层图是达到系统架构学的「结构行为合一」第一个金图。）

在图 14-2 里，首先「脚踏车」分解出「踏板」、「方向把手」、「刹车握把」和「子系统_2」，再来「子系统_2」分解出「齿轮」、「前轮」、「刹车线」和「子

系统_1」，最后「子系统_1」分解出「后轮」和「刹车器」；反之，「后轮」和「刹车线」先组成「子系统_1」，再来「齿轮」、「前轮」、「刹车线」和「子系统_1」组成「子系统_2」，最后「踏板」、「方向把手」、「刹车握把」和「子系统_2」组成「脚踏车」。其中，「脚踏车」、「子系统_2」和「子系统_1」为聚合系统（Aggregated System），「踏板」、「方向把手」、「刹车握把」、「齿轮」、「前轮」、「刹车线」、「后轮」和「刹车器」为非聚合系统（Non-Aggregated System）。

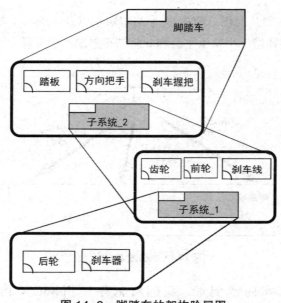

图 14-2　脚踏车的架构阶层图

## 14-2　框架图

我们使用框架图来多层级（Multi-Layer）或者多层次（Multi-Tier）分解和组合一个系统。图 14-3 显示在脚踏车系统的框架图里，「Technology_SubLayer_3」层包含「踏板」、「方向把手」和「刹车握把」等

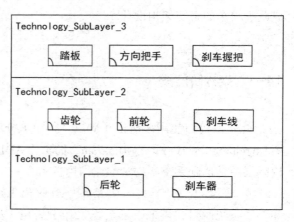

图 14-3　脚踏车的框架图

构件,「Technology_SubLayer_2」层包含「齿轮」、「前轮」和「刹车线」等构件,「Technology_SubLayer_1」层包含「后轮」和「刹车器」等构件。(框架图是达到系统架构学的「结构行为合一」第二个金图。)

## 14-3 构件操作图

另外,我们也会建置出脚踏车所有构件的操作。图 14-4 使用构件操作图来显示脚踏车八个构件的操作。其中,「踏板」构件有「踩下」一个操作,「齿轮」构件有「带动」一个操作,「后轮」构件有「滚动」和「停止滚动」等两个操作,「方向把手」构件有「移动方向」一个操作,「前轮」构件有「转动」一个操作,「刹车握把」构件有「紧握」一个操作,「刹车线」构件有「拉动」一个操作,「刹车器」构件有「夹紧」一个操作。(构件操作图是达到系统架构学的「结构行为合一」第三个金图。)

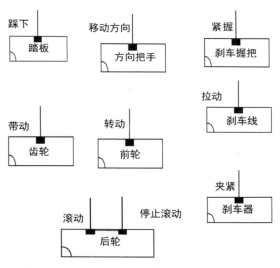

图 14-4 脚踏车的构件操作图

## 14-4 构件联结图

完成「脚踏车」的构件与操作后,我们可以开始绘制「脚踏车」内所有构件的联结。「脚踏车」除了「踏板」、「齿轮」、「后轮」、「方向把手」、「前轮」、「刹

车握把」、「刹车线」、「刹车器」等构件外,尚有一个名称为「小骑士」的外界环境。

图 14-5 使用构件联结图来显示在「脚踏车」里,「小骑士」外界环境和「踏板」、「齿轮」、「后轮」、「方向把手」、「前轮」、「刹车握把」、「刹车线」、「刹车器」等构件彼此之间的联结。(构件联结图是达到系统架构学的「结构行为合一」第四个金图。)

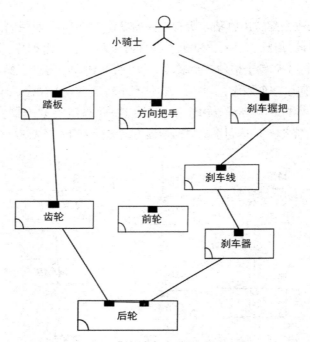

图 14-5 「脚踏车」的构件联结图

在图 14-5 中,外界环境「小骑士」和「踏板」、「方向把手」、「刹车握把」等构件有联结,「踏板」构件和「齿轮」构件有联结,「齿轮」构件和「后轮」构件有联结,「方向把手」构件和「前轮」构件有联结,「刹车握把」构件和「刹车线」构件有联结,「刹车线」构件和「刹车器」构件有联结,「刹车器」构件和「后轮」构件有联结。

有了构件联结图以后,「脚踏车」的样式会呈现出来,因而「脚踏车」的结构观点会变得更清晰。

## 14-5 结构行为合一图

在「脚踏车」里,外界环境和它八个构件之间的互动,会产生「脚踏车」的系统行为。如图 14-6 所示,外界环境「小骑士」和「踏板」、「齿轮」、「后轮」等构件互动产生「前进」行为,外界环境「小骑士」和「方向把手」、「前轮」等构件互动产生「左右转」行为,外界环境「小骑士」和「刹车握把」、「刹车线」、「刹车器」、「后轮」等构件互动产生「刹车」行为。(结构行为合一图是达到系统架构学的「结构行为合一」第五个金图。)

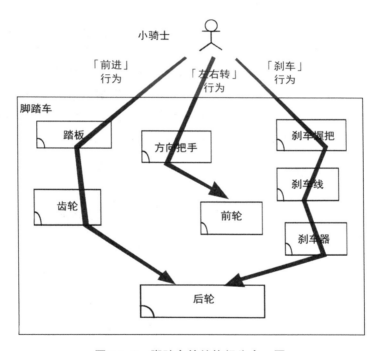

图 14-6　脚踏车的结构行为合一图

一个系统的行为乃是其个别的行为总合起来。例如,「脚踏车」的整体系统行为包括「前进」、「左右转」、「刹车」等三个个别的行为。换句话说,「前进」、「左右转」、「刹车」等三个个别的行为总合起来就等于「脚踏车」的整体系统行为。「前进」行为、「左右转」行为、「刹车」行为三者彼此之间是相互独立,没有任何牵连的。由于它们彼此之间没有任何瓜葛,因而这三个行为可以同时交错进行(Concurrently Execute),互不干扰 [Hoar85, Miln89, Miln99]。

采用系统架构学，最主要的目标就是只会有一个整合性全体的系统，而不会有各自分离的系统结构和系统行为。在图 14-6 中，我们可以看到，「脚踏车」的系统结构和系统行为都一起存在其整合性全体的系统里面。换句话说，在「脚踏车」整合性全体的系统里，我们不但看到它的系统结构，也同时看到它的系统行为。

## 14-6 互动流程图

一个系统的整体行为包括许多个别的行为。每一个个别的行为代表系统一个情境（Scenario）的执行路径。每个执行路径可以说就是一个互动流程图。执行路径可以说是将系统的内部细节互动串接起来。互动流程图强调的是这些串接起来的互动之先后次序。（互动流程图是达成系统架构学的「结构行为合一」第六个金图。）

「脚踏车」的互动流程图共有三个，我们会将它们分别绘制出来。图 14-7 说明「前进」行为的互动流程图。首先，外界环境「小骑士」和「踏板」构件发生「踩下」操作呼叫的互动。接着，「踏板」构件和「齿轮」构件发生「带动」操作呼叫的互动。最后，「齿轮」构件和「后轮」构件发生「滚动」操作呼叫的互动。

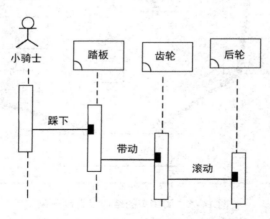

图 14-7 「前进」行为的互动流程图

图 14-8 说明「左右转」行为的互动流程图。首先，外界环境「小骑士」和「方向把手」构件发生「移动方向」操作呼叫的互动。接着，「方向把手」构件和「前轮」构件发生「转动」操作呼叫的互动。

# 第 14 章 脚踏车的系统架构设计

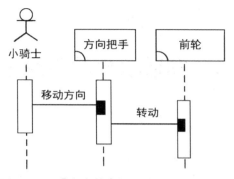

图 14-8 「左右转」行为的互动流程图

图 14-9 说明「刹车」行为的互动流程图。首先，外界环境「小骑士」和「刹车握把」构件发生「紧握」操作呼叫的互动。接着，「刹车握把」构件和「刹车线」构件发生「拉动」操作呼叫的互动。再来，「刹车线」构件和「刹车器」构件发生「夹紧」操作呼叫的互动。最后，「刹车器」构件和「后轮」构件发生「停止滚动」操作呼叫的互动。

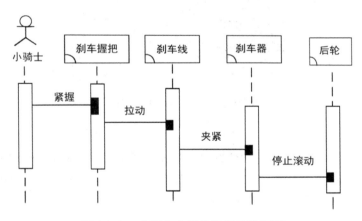

图 14-9 「刹车」行为的互动流程图

# 第15章 算数软件的系统架构设计

「算数软件」主要是提供「DIVIDE&MAXIMUM」以及「GCD&FACTORIAL」等两个行为。透过这两个行为，外界环境「中学生」会和此系统产生互动，如图15-1所示。

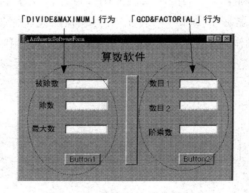

图 15-1 「算术软件」的行为

在第一个行为里，外界环境「中学生」输入被除数和除数，再来按下「Button1」，则「算数软件」会计算出商数和余数，然后将商数和余数中的最大数呈现在窗体画面上。如图15-2所示，被除数88，除数5，则计算结果商数和余数分别为17和3，然后再计算出17和3中的最大数为17。

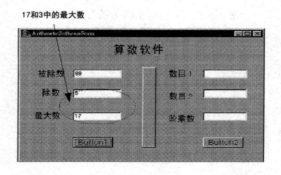

图 15-2 「DIVIDE&MAXIMUM」范例

在第二个行为里，外界环境「中学生」输入「数目1」和「数目2」，再来按下「Button2」，则「算数软件」会计算出「数目1」和「数目2」的最大公约数，然后将此最大公约数的阶乘数呈现在窗体画面上。如图15-3所示，「数目1」为18，「数目2」为12，则计算它们的最大公约数为6，然后再计算出6的阶乘数为720。

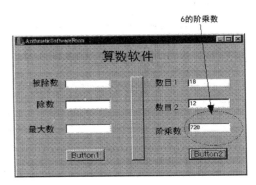

图 15-3 「GCD&FACTORIAL」范例

在本章算数软件的范例里，我们将依序使用SBC架构描述语言（SBC Architecture Description Language）的六大金图：（A）架构阶层图、（B）框架图、（C）构件操作图、（D）构件联结图、（E）结构行为合一图、（F）互动流程图来完成此算数软件的系统架构设计。

## 15-1 架构阶层图

首先，我们使用多阶层（Multi-Level）分解和组合方式将算数软件的架构阶层图（Architecture Hierarchy Diagram，简称为AHD）绘制出来，如图15-4所示。（架构阶层图是达到系统架构学的「结构行为合一」第一个金图。）

在图15-4里，首先「算数软件」分解出「ArithmeticSoftwareForm」和「Logic_Layer」，然后「Logic_Layer」分解出「DIVMAX」和「GCDFAC」；反之，「DIVMAX」和「GCDFAC」先组成「Logic_Layer」，然后「ArithmeticSoftwareForm」和「逻辑层」组成「算数软件」。其中，「算数软件」和「Logic_Layer」为聚合系统（Aggregated System），「ArithmeticSoftwareForm」、「DIVMAX」和「GCDFAC」为非聚合系统（Non-Aggregated System）。

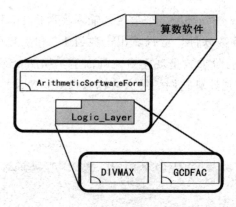

图 15-4 「算数软件」的架构阶层图

## 15-2 框架图

我们使用框架图来多层级（Multi-Layer）或者多层次（Multi-Tier）分解和组合一个系统。图 15-5 显示在「算数软件」的框架图里，「Presentation_Layer」层包含「ArithmeticSoftwareForm」一个构件，「Logic_Layer」层包含「DIVMAX」和「GCDFAC」等两个构件。（框架图是达到系统架构学的「结构行为合一」第二个金图。）

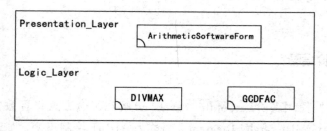

图 15-5 「算数软件」的框架图

## 15-3 构件操作图

另外，我们也会建置出算数软件所有构件的操作。图 15-6 使用构件操作图来显示算数软件三个构件的操作。其中，「ArithmeticSoftwareForm」构件有

# 第 15 章 算数软件的系统架构设计

「Button1Click」和「Button2Click」两个操作,「DIVMAX」构件有「DIVIDE」和「MAXIMUM」两个操作,「GCDFAC」构件有「GCD」和「FACTORIAL」两个操作。(构件操作图是达到系统架构学的「结构行为合一」第三个金图。)

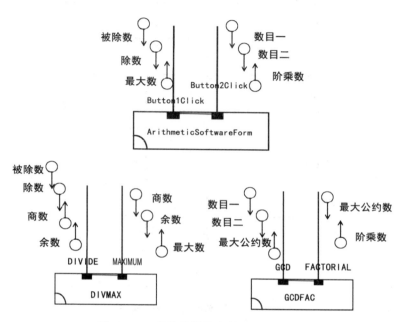

图 15-6 「算数软件」的构件操作图

「Button1Click」的操作式子为 Button1Click（In 被除数、除数；Out 最大数），「Button2Click」的操作式子为 Button2Click（In 数目一、数目二；Out 阶乘数），「DIVIDE」的操作式子为 DIVIDE（In 被除数、除数；Out 商数、余数），「MAXIMUM」的操作式子为 MAXIMUM（In 商数、余数；Out 最大数），「GCD」的操作式子为 GCD（In 数目一、数目二；Out 最大公约数），「FACTORIAL」的操作式子为 FACTORIAL（In 最大公约数；Out 阶乘数）。

图 15-7 显示参数「被除数」、「除数」、「商数」、「余数」、「最大数」、「数目一」、「数目二」、「最大公约数」、「阶乘数」等等的基本数据形态（Primitive Data Type）的规格。

| 参数 | 资料形态 | 范例 |
|---|---|---|
| 余数 | Nat | 88 |
| 除数 | Nat | 5 |
| 商数 | Nat | 17 |
| 余数 | Nat | 3 |
| 最大数 | Nat | 17 |
| 数目一 | Nat | 18 |
| 数目二 | Nat | 12 |
| 最大公约数 | Nat | 6 |
| 阶乘数 | Nat | 720 |

图 15-7　基本资料形态的规格

## 15-4　构件联结图

完成「算数软件」的构件与操作后，我们可以开始绘制「算数软件」内所有构件的联结。「算数软件」除了「ArithmeticSoftwareForm」、「DIVMAX」和「GCDFAC」等构件外，尚有一个名称为「中学生」的外界环境。

图 15-8 使用构件联结图来显示在「算数软件」里，外界环境「中学生」和「ArithmeticSoftwareForm」、「DIVMAX」以及「GCDFAC」等构件之间的联结。

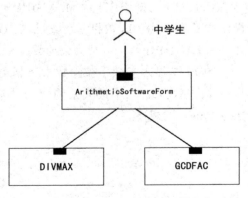

图 15-8　「算数软件」的构件联结图

（构件联结图是达到系统架构学的「结构行为合一」第四个金图。）

在图 15-8 中，外界环境「中学生」和「ArithmeticSoftwareForm」构件有联结，「ArithmeticSoftwareForm」构件和「DIVMAX」有联结，「ArithmeticSoftwareForm」构件和「GCDFAC」也有联结。

有了构件联结图以后，「算数软件」的样式会呈现出来，因而「算数软件」的结构观点会变得更清晰。

## 15-5　结构行为合一图

在算数软件里，外界环境和它三个构件之间的互动，会产生算数软件的系统行为。如图 15-9 所示，外界环境「中学生」和「ArithmeticSoftwareForm」、「DIVMAX」等构件互动产生「DIVIDE&MAXIMUM」行为，外界环境「中学生」和「ArithmeticSoftwareForm」、「GCDFAC」等构件互动产生「GCD&FACTORIAL」行为。（结构行为合一图是达到系统架构学的「结构行为合一」第五个金图。）

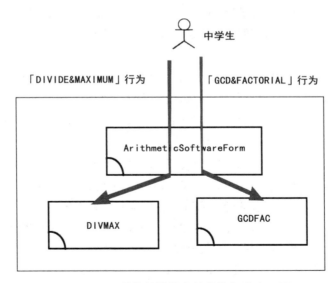

图 15-9　「算数软件」的结构行为合一图

一个系统的行为乃是其个别的行为总合起来。例如，「算数软件」的整体系统行为包括「DIVIDE&MAXIMUM」和「GCD&FACTORIAL」等两个个别的行为。换句话说，「DIVIDE&MAXIMUM」和「GCD&FACTORIAL」等两个个别的

行为总合起来就等于「算数软件」的整体系统行为。「DIVIDE&MAXIMUM」行为和「GCD&FACTORIAL」行为二者彼此之间是相互独立，没有任何牵连的。由于它们彼此之间没有任何瓜葛，因而这两个行为可以同时交错进行（Concurrently Execute），互不干扰 [Hoar85, Miln89, Miln99]。

采用系统架构学，最主要的目标就是只会有一个整合性全体的系统，而不会有各自分离的系统结构和系统行为。在图 15-9 中，我们可以看到，「算数软件」的系统结构和系统行为都一起存在其整合性全体的系统里面。换句话说，在「算数软件」整合性全体的系统里，我们不但看到它的系统结构，也同时看到它的系统行为。

## 15-6　互动流程图

一个系统的整体行为包括许多个别的行为。每一个个别的行为代表系统一个情境（Scenario）的执行路径。每个执行路径可以说就是一个互动流程图。执行路径可以说是将系统的内部细节互动串接起来。互动流程图强调的是这些串接起来的互动之先后次序。（互动流程图是达成系统架构学的「结构行为合一」第六个金图。）

「算数软件」的互动流程图共有两个，我们会将它们分别绘制出来。图 15-10 说明「DIVIDE&MAXIMUM」行为的互动流程图。首先，外界环境「中学生」和「ArithmeticSoftwareForm」构件会发生「Button1Click」操作呼叫，并带着「被除数」和「除数」两个输入参数的互动。接着，「ArithmeticSoftwareForm」构件和「DIVMAX」构件会发生「DIVIDE」操作呼叫，并带着「被除数」和「除数」两个输入参数的互动。再来，「ArithmeticSoftwareForm」构件和「DIVMAX」构件会发生「DIVIDE」操作传回、并带着「商数」和「余数」两个输出参数的互动。继续，「ArithmeticSoftwareForm」构件和「DIVMAX」构件会发生「MAXIMUM」操作呼叫，并带着「商数」和「余数」两个输入参数的互动。跟着，「ArithmeticSoftwareForm」构件和「DIVMAX」构件会发生「MAXIMUM」操作传回，并带着「最大数」输出参数的互动。最后，外界环境「中学生」和「ArithmeticSoftwareForm」构件会发生「Button1Click」操作传回、并带着「最大数」输出参数的互动。

## 第 15 章　算数软件的系统架构设计

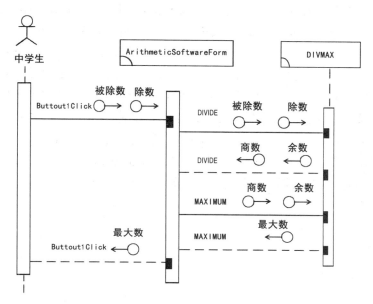

图 15-10　「DIVIDE&MAXIMUM」行为的互动流程图

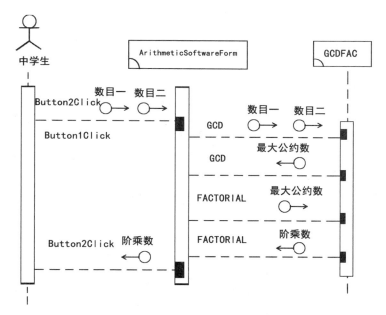

图 15-11　「GCD&FACTORIAL」行为的互动流程图

图 15-11 说明「GCD&FACTORIAL」行为的互动流程图。首先,外界环境「中学生」和「ArithmeticSoftwareForm」构件会发生「Button2Click」操作呼叫,并带

着「数目一」和「数目二」两个输入参数的互动。接着，「ArithmeticSoftwareForm」构件和「GCDFAC」构件会发生「GCD」操作呼叫、并带着「数目一」和「数目二」两个输入参数的互动。再来，「ArithmeticSoftwareForm」构件和「GCDFAC」构件会发生「GCD」操作传回，并带着「最大公约数」输出参数的互动。继续，「ArithmeticSoftwareForm」构件和「GCDFAC」构件会发生「FACTORIAL」操作呼叫，并带着「最大公约数」输入参数的互动。跟着，「ArithmeticSoftwareForm」构件和「GCDFAC」构件会发生「FACTORIAL」操作传回，并带着「阶乘数」输出参数的互动。最后，外界环境「中学生」和「ArithmeticSoftwareForm」构件会发生「Button2Click」操作传回，并带着「阶乘数」输出参数的互动。

# 第16章 多层次个人数据系统的系统架构设计

在系统开发完成后，多层次个人数据系统（Multi-Tier Personal Data System，简称为 MTPDS）会呈现在多层次的平台上，如图 16-1 所示。

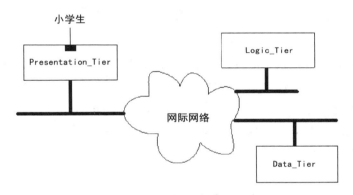

图 16-1 多层次个人资料系统呈现在多层次的平台上

在「Data_Tier」层里有一个名为「Personal_Database」的数据库（Database）[Date03, Elma10]，这个数据库内只含一个名为「Personal_Data」的数据表（Table），如图 16-2 所示。

Personal_Database : Database

Personal_Data : Table

| Social_Security_Number | Name | Date_of_Birth | Sex | Height (cm) | Weight (Kg) |
|---|---|---|---|---|---|
| 318-49-2465 | Mary R. Williams | June 17, 1976 | Female | 165 | 51 |
| 424-87-3651 | Lee H. Wulf | July 24, 1982 | Female | 162 | 76 |
| 512-24-3722 | John K. Bryant | May 12, 1954 | Male | 180 | 80 |

Record: 4 of 4

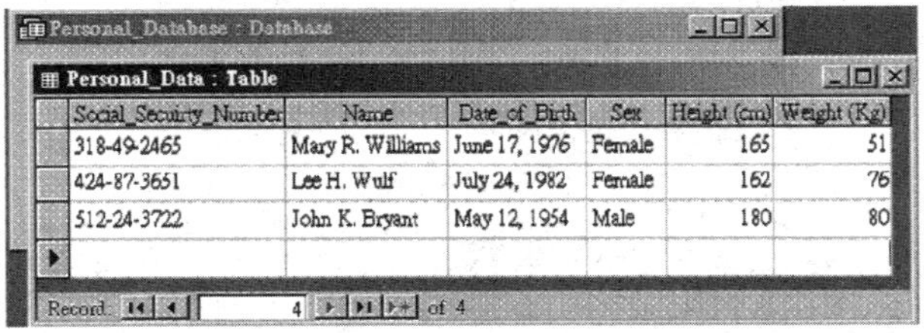

图 16-2 「Personal_Database」资料库含「Personal_Data」资料表

多层次个人数据系统主要是提供「AgeCalculation」以及「OverweightCalculation」等两个行为。透过这两个行为，外界环境「小学生」会和此系统产生互动，如图 16-3 所示。

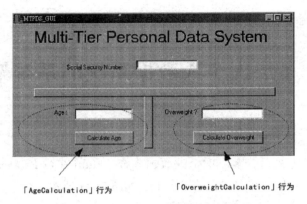

图 16-3　多层次个人资料系统的行为

在第一个行为里，外界环境「小学生」先输入「Social_Security_Number」的整数值，然后按下「Calculate_Age」按钮。在那之后，多层次个人数据系统会检索符合「Social_Security_Number」数值的「Date_of_Birth」数据出来，然后计算其年龄，并将其显示在屏幕上。如图 16-4 所示，若「Social_Security_Number」的值是「512-24-3722」，检索出「Date_of_Birth」的值是「1954 年 5 月 12 日」，则屏幕上显示的年龄为「58」岁。

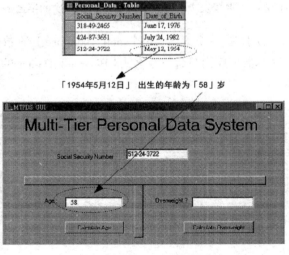

图 16-4　「AgeCalculation」范例

在第二个行为里，外界环境「小学生」先输入「Social_Security_Number」的整数值，然后按下「Calculate_Overweight」按钮。在那之后，多层次个人数据系

# 第 16 章　多层次个人数据系统的系统架构设计

统会检索符合「Social_Security_Number」数值的「Sex」、「Height」、「Weight」等数据，然后计算其是否超重，并将其显示在屏幕上。如图 16-5 所示，若「Social_Security_Number」的值是「318-49-2465」，检索出「Sex」、「Height」、「Weight」的值分别是「Female」、「165」、「51」，则屏幕上显示其未超重「No」。

在本章多层次个人数据系统的范例里，我们将依序使用 SBC 架构描述语言（SBC Architecture Description Language）的六大金图：（A）架构阶层图、（B）框架图、（C）构件操作图、（D）构件联结图、（E）结构行为合一图、（F）互动流程图来完成此多层次个人数据系统的系统架构设计。

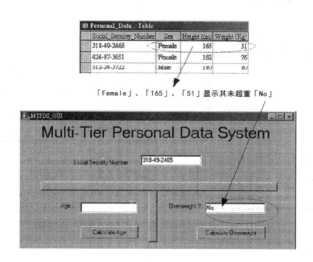

图 16-5　「OverweightCalculation」范例

## 16-1　架构阶层图

首先，我们使用多阶层（Multi-Level）分解和组合方式将多层次个人数据系统的架构阶层图（Architecture Hierarchy Diagram，简称为 AHD）绘制出来，如图 16-6 所示。（架构阶层图是达到系统架构学的「结构行为合一」第一个金图。）

在图 16-6 里，首先「多层次个人数据系统」分解出「MTPDS_GUI」和「子系统_2」，再来「子系统_2」分解出「Age_Logic」、「Overweight_Logic」和「子系统_1」，最后「子系统_1」分解出「Personal_Database」；反之，「Personal_Database」先组成「子系统_1」，再来「Age_Logic」、「Overweight_Logic」和「子

系统_1」组成「子系统_2」，最后「MTPDS_GUI」和「子系统_2」组成「多层次个人数据系统」。其中，「多层次个人数据系统」、「子系统_2」和「子系统_1」为聚合系统（Aggregated System），「MTPDS_GUI」、「Age_Logic」、「Overweight_Logic」和「Personal_Database」为非聚合系统（Non-Aggregated System）。

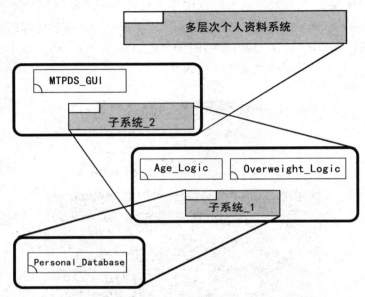

图 16-6　多层次个人资料系统的架构阶层图

## 16-2　框架图

我们使用框架图来多层级（Multi-Layer）或者多层次（Multi-Tier）分解和组合一个系统。图 16-7 显示在「多层次个人数据系统」的框架图里，「Application_Layer」层包含「MTPDS_GUI」一个构件，「Logic_Layer」层包含「Age_Logic」和「Overweight_Logic」

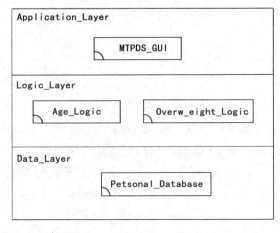

图 16-7　多层次个人资料系统的框架图

两个构件,「Data_Layer」层包含「Personal_Database」一个构件。(框架图是达到系统架构学的「结构行为合一」第二个金图。)

## 16-3 构件操作图

另外,我们也会建置出多层次个人数据系统所有构件的操作。图 16-8 使用构件操作图来显示多层次个人数据系统四个构件的操作。其中,「MTPDS_GUI」构件有「Calculate_AgeClick」和「Calculate_OverweightClick」两个操作,「Age_Logic」构件有「Calculate_Age」一个操作,「Overweight_Logic」构件有「Calculate_Overweight」一个操作,「Personal_Database」构件有「Sql_DateOfBirth_Select」和「Sql_SexHeightWeight_Select」两个操作。(构件操作图是达到系统架构学的「结构行为合一」第三个金图。)

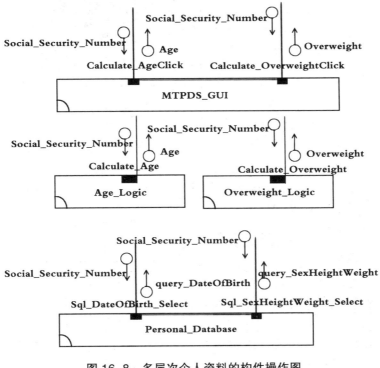

图 16-8　多层次个人资料的构件操作图

「Calculate_AgeClick」的操作式子为 Calculate_AgeClick ( In Social_Security_Number;

Out Age），「Calculate_OverweightClick」的操作式子为 Calculate_OverweightClick（In Social_Security_Number；Out Overweight），「Calculate_Age」的操作式子为 Calculate_Age（In Social_Security_Number；Out Age），「Calculate_Overweight」的操作式子为 Calculate_Overweight（In Social_Security_Number；Out Overweight），「Sql_DateOfBirth_Select」的操作式子为 Sql_DateOfBirth_Select（In Social_Security_Number；Out query_DateOfBirth），「Sql_SexHeightWeight_Select」的操作式子为 Sql_SexHeightWeight_Select（In Social_Security_Number；Out query_SexHeightWeight）。

图 16-9 显示参数「Social_Security_Number」、「Age」、「Overweight」等等的基本数据形态（Primitive Data Type）的规格。

图 16-10 显示在操作式子 Sql_DateOfBirth_Select（In Social_Security_Number；Out query_DateOfBirth）里的输出参数「query_DateOfBirth」的复合数据形态（Composite Data Type）的规格。

| 参数 | 资料形态 | 范例 |
|---|---|---|
| Social_Security_Number | Text | 424-87-3651, 512-24-3722 |
| Age | Integer | 28, 56 |
| Overweight | Boolearn | Yes, No |

图 16-9　基本资料形态的规格

| 参数 | query_DateOfBirth |
|---|---|
| 资料形态 | TABLE of<br>　Social_Security_Number;Text<br>　　Age:Integer<br>End TABLE; |
| 范例 | 424-87-3651　　28<br><br>512-24-3722　　56 |

图 16-10　「query_DateOfBirth」的构件联结图

图 16-11 显示在操作式子 Sql_SexHeightWeight_Select（In Social_Security_

Number；Out query_SexHeightWeight）里的输出参数「query_SexHeightWeight」的复合数据形态（Composite Data Type）的规格。

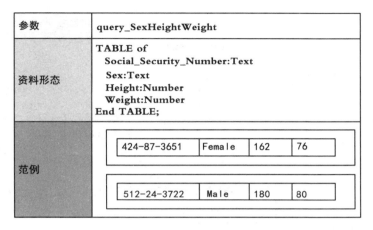

图 16-11 「query_SexHeightWeight」符合资料形态的规格

## 16-4 构件联结图

完成「多层次个人数据系统」的构件与操作后，我们可以开始绘制「多层次个人数据系统」内所有构件的联结。「多层次个人数据系统」除了「MTPDS_GUI」、「Age_Logic」、「Overweight_Logic」和「Personal_Database」等构件外，尚有一个名称为「小学生」的外界环境。

图 16-12 使用构件联结图来显示在「多层次个人数据系统」里，外界环境「小学生」和「MTPDS_GUI」、「Age_Logic」、「Overweight_Logic」以及「Personal_Database」等构件之间的联结。（构件联结图是达到系统架构学的「结构行为合一」第四个金图。）

在图 16-12 中，外界环境「小学生」和「MTPDS_GUI」构件有联结，「MTPDS_GUI」构件和「Age_Logic」有联结，「MTPDS_GUI」构件和「Overweight_Logic」有联结，「Age_Logic」构件和「Personal_Database」有联结，「Overweight_Logic」构件和「Personal_Database」有联结。

有了构件联结图以后，「多层次个人数据系统」的样式会呈现出来，因而「多层次个人数据系统」的结构观点会变得更清晰。

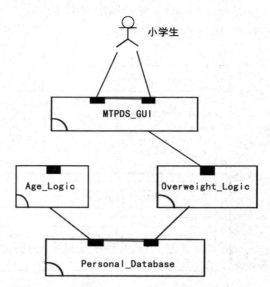

图 16-12　多层次个人资料系统的构件连接图

## 16-5　结构行为合一图

在多层次个人数据系统里，外界环境和它四个构件之间的互动，会产生多层次个人数据系统的系统行为。如图 16-13 所示，外界环境「小学生」和「MTPDS_GUI」、「Age_Logic」、「Personal_Database」等构件互动产生「AgeCalculation」行为；外界环境「小学生」和「MTPDS_GUI」、「Overweight_Logic」、「Personal_Database」等构件互动产生「OverweightCalculation」行为。（结构行为合一图是达到系统架构学的「结构行为合一」第五个金图。）

一个系统的行为乃是其个别的行为总合起来。例如，「多层次个人数据系统」的整体系统行为包括「AgeCalculation」和「OverweightCalculation」等两个个别的行为，换句话说，「AgeCalculation」和「OverweightCalculation」等两个个别的行为总合起来就等于「多层次个人数据系统」的整体系统行为。「AgeCalculation」行为和「OverweightCalculation」行为二者彼此之间是相互独立，没有任何牵连的。由于它们彼此之间没有任何瓜葛，因而这两个行为可以同时交错进行（Concurrently Execute），互不干扰 [Hoar85, Miln89, Miln99]。

# 第 16 章 多层次个人数据系统的系统架构设计

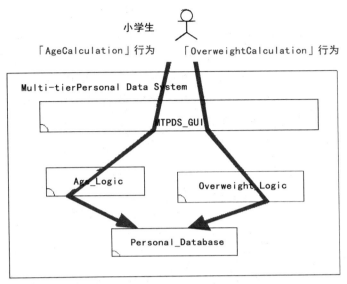

图 16-13　多层次个人资料系统的结构行为合一图

采用系统架构学，最主要的目标就是只会有一个整合性全体的系统，而不会有各自分离的系统结构和系统行为。在图 16-13 中，我们可以看到，「多层次个人数据系统」的系统结构和系统行为都一起存在其整合性全体的系统里面，换句话说，在「多层次个人数据系统」整合性全体的系统里，我们不但看到它的系统结构，也同时看到它的系统行为。

## 16-6　互动流程图

一个系统的整体行为包括许多个别的行为，每一个个别的行为代表系统一个情境（Scenario）的执行路径，每个执行路径可以说就是一个互动流程图。执行路径可以说是将系统的内部细节互动串接起来，互动流程图强调的是这些串接起来的互动之先后次序。（互动流程图是达成系统架构学的「结构行为合一」第六个金图。）

「多层次个人数据系统」的互动流程图共有两个，我们会将它们分别绘制出来。图 16-14 说明「AgeCalculation」行为的互动流程图。首先，外界环境「小学生」和「MTPDS_GUI」构件会发生「Calculate_AgeClick」操作呼叫，并带着「Social_Security_Number」输入参数的互动。接着，「MTPDS_GUI」构件和「Age_Logic」构件会发生「Calculate_Age」操作呼叫，并带着「Social_Security_Number」

输入参数的互动。再来,「Age_Logic」构件和「Personal_Database」构件会发生「Sql_DateOfBirth_Select」操作呼叫,并带着「Social_Security_Number」输入参数以及「query_DateOfBirth」输出参数的互动。继续,「MTPDS_GUI」构件和「Age_Logic」构件会发生「Calculate_Age」操作传回,并带着「Age」输出参数的互动。最后,外界环境「小学生」和「MTPDS_GUI」构件会发生「Calculate_AgeClick」操作传回,并带着「Age」输出参数的互动。

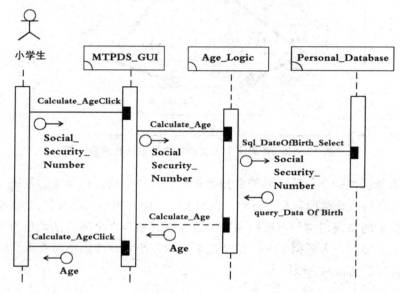

图 16-14 「AgeCalculation」行为的互动流程图

图 16-15 说明「OverweightCalculation」行为的互动流程图。首先,外界环境「小学生」和「MTPDS_GUI」构件会发生「Calculate_OverweightClick」操作呼叫,并带着「Social_Security_Number」输入参数的互动。接着,「MTPDS_GUI」构件和「Overweight_Logic」构件会发生「Calculate_Overweight」操作呼叫,并带着「Social_Security_Number」输入参数的互动。再来,「Overweight_Logic」构件和「Personal_Database」构件会发生「Sql_SexHeightWeight_Select」操作呼叫,并带着「Social_Security_Number」输入参数以及「query_SexHeightWeight」输出参数的互动。继续,「MTPDS_GUI」构件和「Overweight_Logic」构件会发生「Calculate_Overweight」操作传回,并带着「Overweight」输出参数的互动。最后,外界环境「小学生」和「MTPDS_GUI」构件会发生「Calculate_OverweightClick」操作传回,并带着「Overweight」输出参数的互动。

# 第 16 章 多层次个人数据系统的系统架构设计

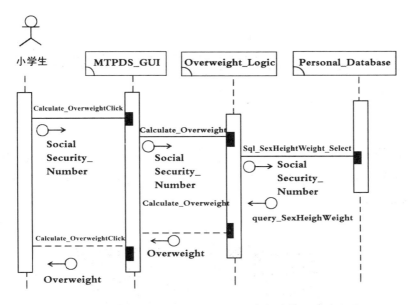

图 16-15 「OverweightCalculation」行为的互动流程图

# 第17章　销售进货软件的系统架构设计

「销售进货软件」的事项之一是提供一个「SalePurchaseMenuForm」窗体画面让外界环境「销售人员」进行「销售」事项，内含「销售输入」行为和「销售列印」行为，如图 17-1 所示。

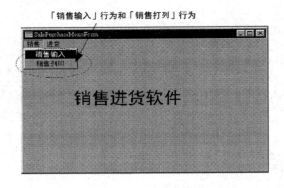

图 17-1　「销售」事项

销售进货软件的事项之二是续用前述的「SalePurchaseMenuForm」窗体画面让外界环境「进货人员」进行「进货」事项，内含「进货输入」行为和「进货列印」行为，如图 17-2 所示。

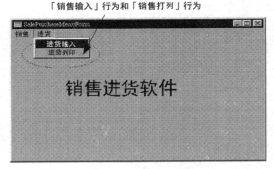

图 17-2　「销售」事项

# 第 17 章 销售进货软件的系统架构设计

在「销售输入」行为里，我们利用「SaleInputForm」窗体画面来输入销售数据，如图 17-3 所示。

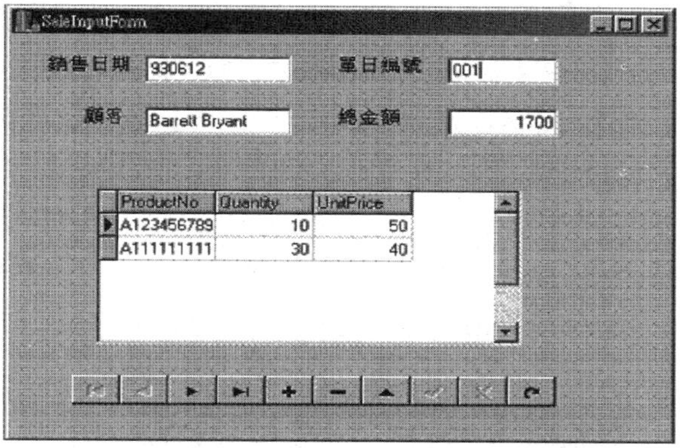

图 17-3 输入销售资料

在「销售列印」行为里，我们利用「SalePrintForm」窗体画面来打印销售数据，如图 17-4 所示。

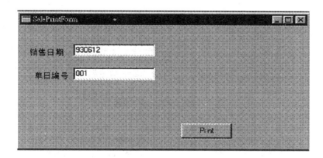

图 17-4 列印销售资料

在图 17-4 里，分别输入销售日期和单日编号的数据后按下「Print」钮，我们得到的报表如图 17-5 所示。

在「进货输入」行为里，我们利用「PurchaseInputForm」窗体画面来输入进货数据，如图 17-6 所示。

在「进货列印」行为里，我们利用「PurchasePrintForm」窗体画面来打印进货数据，如图 17-7 所示。

在图 17-7 里，分别输入进货日期和单日编号的数据后按下「Print」钮，我们得到的报表如图 17-8 所示。

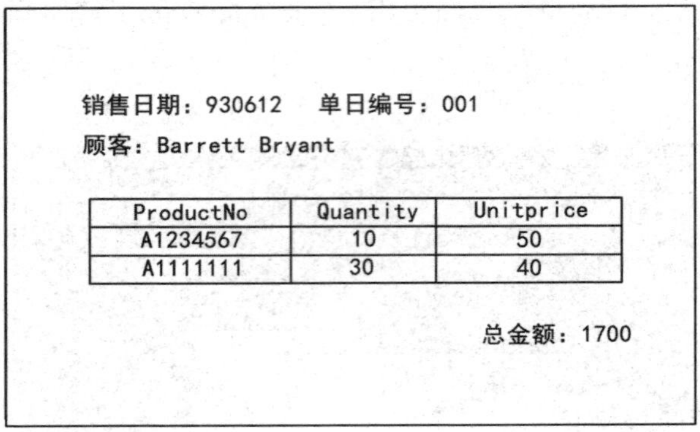

销售日期：930612　　单日编号：001
顾客：Barrett Bryant

| ProductNo | Quantity | Unitprice |
|---|---|---|
| A1234567 | 10 | 50 |
| A1111111 | 30 | 40 |

总金额：1700

图 17-5　销售资料报表

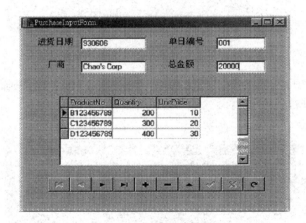

图 17-6　输入进货资料

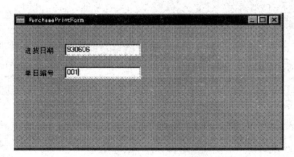

图 17-7　列印进货资料

# 第 17 章　销售进货软件的系统架构设计

```
进货日期：930606    单日编号：001
厂商：Chao 's Corp

| ProductNo  | Quantity | Unitprice |
| B123456789 | 200      | 10        |
| C123456789 | 300      | 20        |
| D123456789 | 400      | 30        |

                          总金额：20000
```

图 17-8　进货资料报表

在本章「销售进货软件」的范例里，我们将依序使用 SBC 架构描述语言（SBC Architecture Description Language）的六大金图：（A）架构阶层图、（B）框架图、（C）构件操作图、（D）构件联结图、（E）结构行为合一图、（F）互动流程图来完成此「销售进货软件」的系统架构设计。

## 17-1　架构阶层图

首先，我们使用多阶层（Multi-Level）分解和组合方式将「销售进货软件」的架构阶层图（Architecture Hierarchy Diagram，简称为 AHD）绘制出来，如图 17-9 所示。（架构阶层图是达到系统架构学的「结构行为合一」第一个金图。）

在图 17-9 里，首先「销售进货软件」分解出「SalePurchaseMenuForm」、「SaleInputForm」、「SalePrintForm」、「PurchaseInputForm」、「PurchasePrintForm」和「数据层」，然后「数据层」分解出「SP_Database」；反之，「SP_Database」先组成「数据层」，然后「SalePurchaseMenuForm」、「SaleInputForm」、「SalePrintForm」、「PurchaseInputForm」、「PurchasePrintForm」和「数据层」组成「销售进货软件」。其中，「销售进货软件」和「数据层」为聚合系统（Aggregated System），「SalePurchaseMenuForm」、「SaleInputForm」、「SalePrintForm」、「PurchaseInputForm」、「PurchasePrintForm」和「SP_Database」为非聚合系统（Non-Aggregated System）。

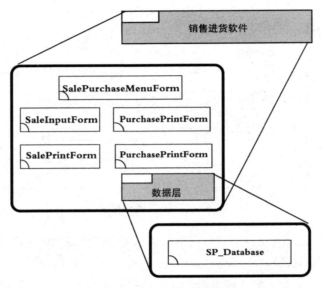

图 17-9 「销售进货软件」的架构阶层图

## 17-2 框架图

我们使用框架图来多层级（Multi-Layer）或者多层次（Multi-Tier）分解和组合一个系统。图 17-10 显示在「销售进货软件」的框架图里，「Presentation_Layer」层包含「SalePurchaseMenuForm」、「SaleInputForm」、「SalePrintForm」、「PurchaseInputForm」、「PurchasePrintForm」等四个构件，「Data_Layer」层包含「SP_Database」一个构件。（框架图是达到系统架构学的「结构行为合一」第二个金图。）

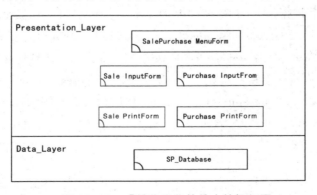

图 17-10 「销售进货软件」的框架图

## 17-3 构件操作图

另外，我们也会建置出「销售进货软件」所有构件的操作。图17-11用构件操作图来显示「销售进货软件」六个构件的操作。其中，「SalePurchaseMenuForm」构件有「SaleInputClick」、「SalePrintClick」、「PurchaseInputClick」、「PurchasePrintClick」四个操作，「SaleInputForm」构件有「ShowModal」、「SaleDataInput」两个操作，「SalePrintForm」构件有「ShowModal」、「SalePrintButtonClick」两个操作，「PurchaseInputForm」构件有「ShowModal」、「PurchaseDataInput」两个操作，「PurchasePrintForm」构件有「ShowModal」、「PurchasePrintButtonClick」两个操作，「SP_Database」构件有「Sql_s_insert」、「Sql_s_select」、「Sql_p_insert」、「Sql_p_select」四个操作。（构件操作图是达到系统架构学的「结构行为合一」第三个金图。）

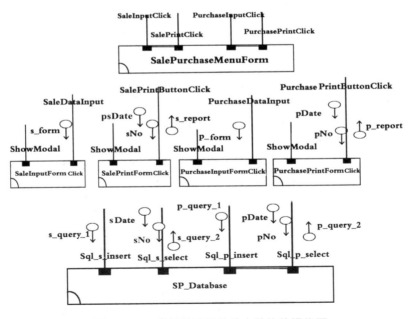

图17-11 「销售进货软件」的构件操作图

「SaleDataInput」的操作式子为SaleDataInput（In s_form），「SalePrintButtonClick」的操作式子为SalePrintButtonClick（In sDate, sNo; Out s_report），「PurchaseDataInput」的操作式子为PurchaseDataInput（In p_form），「PurchasePrintButtonClick」的操作

式子为 PurchasePrintButtonClick（In pDate, pNo；Out p_report），「Sql_s_insert」的操作式子为 Sql_s_insert（In s_query_1），「Sql_s_select」的操作式子为 Sql_s_select（In sDate, sNo；Out s_query_2），「Sql_p_insert」的操作式子为 Sql_p_insert（In p_query_1），「Sql_p_select」的操作式子为 Sql_p_select（In pDate, pNo；Out p_query_2）。

图 17-12 显示参数「sDate」、「sNo」、「pDate」、「pNo」等等的基本数据形态（Primitive Data Type）的规格。

| 参数 | 资料形态 | 范例 |
| --- | --- | --- |
| sDate | Text | 20080517, 20100612, 20121112 |
| sNo | Text | 001, 002, 003 |
| pDate | Text | 20070317, 20110412, 20121206 |
| pNo | Text | 004, 005, 006 |

图 17-12 基本资料形态的规格

图 17-13 显示在操作式子 SaleDataInput（In s_form）里的输入参数「s_form」的复合数据形态（Composite Data Type）的规格。

图 17-14 显示在操作式子 SalePrintButtonClick（In sDate, sNo；Out s_report）里的输出参数「s_report」的复合数据形态（Composite Data Type）的规格。

图 17-15 显示在操作式子 PurchaseDataInput（In p_form）里的输入参数「p_form」的复合数据形态（Composite Data Type）的规格。

图 17-16 显示在操作式子 PurchasePrintButtonClick（In pDate, pNo；Out p_report）里的输出参数「p_report」的复合数据形态（Composite Data Type）的规格。

## 第 17 章　销售进货软件的系统架构设计

| 参数 | s_form |
|---|---|
| 资料形态 | TABLE of<br>　Sale Date:Text<br>　Customer:Text<br>　Quantity:Integer<br>　UniPrice:Real<br>　Total:Real<br>End TABLE; |
| 范例 | Sale Input Form<br><br>　　　　　　　　　　　　销售日期：<u>2010/05/17</u><br><br>顾客：<u>Banett Brvant</u><br><br>PtoductNo　　　Quantity　　　Unitprice<br><br><u>A12345</u>　　　　　400　　　　　100.00<br><u>A00001</u>　　　　　300　　　　　200.00<br><br>　　　　　　　　　　　　总金额：<u>100,000.00</u> |

图 17-13　「s_form」复合数据形态的规格

| 参数 | s_report |
|---|---|
| 资料形态 | TABLE of<br>　Sale Date:Text<br>　Customer:Text<br>　ProductNo:Text<br>　Quantity:Integer<br>　Unitprice:Real<br>　Total:Real<br>End TABLE; |
| 范例 | 销售日期：20100517　　单日编号：001<br>顾客：Barrett Bryant<br><br>\| ProductNo \| Quantity \| UnitPrice \|<br>\| A12345 \| 400 \| 100.00 \|<br>\| A00001 \| 300 \| 200.00 \|<br><br>　　　　　　　　总金额：100,100.00 |

图 17-14　「s_report」复合数据形态的规格

| 参数 | p_form |
|---|---|
| 资料形态 | TABLE of<br>　purchase Date:Text<br>　Supplier:Text<br>　ProductNo:Text<br>　Quantity:Integer<br>　UniPrice:Real<br>　Total:Real<br>End TABLE; |
| 范例 | Purchase Input Form<br>　销售日期：2010/06/12<br>厂商：Chao's Corp<br><br>PtoductNo　　Quantity　　Unitprice<br>A00001　　　1000　　　　120.00<br>A00002　　　2000　　　　220.00<br>A00003　　　3000　　　　320.00<br>A00004　　　4000　　　　420.00<br>　　　　　　　　总金额：1,080,000.00 |

图 17-15 「p_form」复合数据形态的规格

| 参数 | p_form |
|---|---|
| 资料形态 | TABLE of<br>　purchase Date:Text<br>　purchaseNo:Text<br>　Supplier:Text<br>　ProductNo:Text<br>　Quantity:Integer<br>　UniPrice:Real<br>　Total:Real<br>End TABLE; |
| 范例 | 销售日期：20100612　　单日编号：001<br>厂商：Chao's Corp<br><br>\| ProductNo \| Quantity \| Unitprice \|<br>\| A00001 \| 1000 \| 120.00 \|<br>\| A00002 \| 1000 \| 200.00 \|<br>\| A00003 \| 1000 \| 320.00 \|<br>\| A00004 \| 1000 \| 420.00 \|<br>　　　　　　总金额：1,080,000,00 |

图 17-16 「p_report」复合数据形态的规格

图 17-17 显示在操作式子 Sql_s_insert（In s_query_1）里的输入参数「s_query_1」的复合数据形态（Composite Data Type）的规格。

## 第 17 章 销售进货软件的系统架构设计

| 参数 | S_query_1 |
|---|---|
| 资料型态 | TABLE of<br>  Sale Date:Text<br>  Customer:Text<br>  ProductNo:Text<br>  Quantity:Integer<br>  UnitPrice:Real<br>  Total:Real<br>End TABLE; |
| 范例 | 销售日期 20090112 / 单日编号 001 / 顾客 BarrettBryant / 总金额 100,000.00<br>ProductNo A12345 / Quantity 400 / UnitPrice 100.00<br>ProductNo A00001 / Quantity 300 / UnitPrice 200.00 |

图 17-17 「s_query_1」复合数据形态的规格

图 17-18 显示在操作式子 Sql_s_select（Out s_query_2）里的输出参数「s_query_2」的复合数据形态（Composite Data Type）的规格。

| 参数 | S_query_2 |
|---|---|
| 资料型态 | TABLE of<br>  Sale Date:Text<br>  Customer:Text<br>  ProductNo:Text<br>  Quantity:Inerger<br>  UnitPriceL:Real<br>  Total:Real<br>End TABLE; |
| 范例 | 销售日期 20090112 / 单日编号 001 / 顾客 BarrettBryant / 总金额 100,000.00<br>ProductNo A12345 / Quantity 400 / UnitPrice 100.00<br>ProductNo A00001 / Quantity 300 / UnitPrice 200.00 |

图 17-18 「s_query_2」复合数据形态的规格

图 17-19 显示在操作式子 Sql_p_insert（In p_query_1）里的输入参数「p_query_1」的复合数据形态（Composite Data Type）的规格。

| 参数 | P_query_1 |
|---|---|
| 资料形态 | TABLE of<br>  Purchase Date :Text<br>  PurchaseNo:Text<br>  Supplier:Text<br>  ProductNo:Text<br>  Quantity:Integer<br>  UnitPrice:Real<br>  Total:Real<br>End TABLE; |
| 范例 | 销售日期　　单日编号　　厂商　　　　总金额<br>20090230　　001　　　Chao's Corp　1,080,000.00<br><br>ProductNo　　Quantity　　UnitPrice<br>A00001　　　1000　　　　120.00<br>A00002　　　1000　　　　220.00<br>A00003　　　1000　　　　320.00<br>A00004　　　1000　　　　420.00 |

图 17-19 「p_query_1」复合数据形态的规格

图 17-20 显示在操作式子 Sql_p_select（In p_query_2））里的输出参数「p_query_2」的复合数据形态（Composite Data Type）的规格。

| 参数 | P_query_2 |
|---|---|
| 资料形态 | TABLE of<br>  Purchase Date :Text<br>  PurchaseNo:Text<br>  Supplier:Text<br>  ProductNo:Text<br>  Quantity:Integer<br>  UnitPrice:Real<br>  Total:Real<br>End TABLE; |
| 范例 | 销售日期　　单日编号　　厂商　　　　总金额<br>20090230　　001　　　Chao's Corp　1,080,000.00<br><br>ProductNo　　Quantity　　UnitPrice<br>A00001　　　1000　　　　120.00<br>A00002　　　1000　　　　220.00<br>A00003　　　1000　　　　320.00<br>A00004　　　1000　　　　420.00 |

图 17-20 「p_query_2」复合数据形态的规格

## 17-4 构件联结图

完成「销售进货软件」的构件与操作后，我们可以开始绘制「销售进货软件」构件的联结。「销售进货软件」除了「SalePurchaseMenuForm」、「SaleInputForm」、「SalePrintForm」、「PurchaseInputForm」、「PurchasePrintForm」和「SP_Database」等构件外，尚有两个名称分别为「销售人员」、「进货人员」的外界环境。

图 17-21 使用构件联结图来显示在「销售进货软件」里，外界环境「销售人员」、「进货人员」和「SalePurchaseMenuForm」、「SaleInputForm」、「SalePrintForm」、「PurchaseInputForm」、「PurchasePrintForm」、「SP_Database」等构件之间的联结。（构件联结图是达到系统架构学的「结构行为合一」第四个金图。）

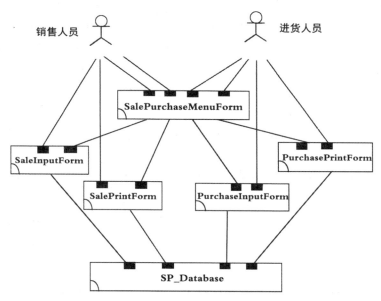

图 17-21 「销售进货软件」的构件联结图

在图 17-21 中，外界环境「销售人员」和「SalePurchaseMenuForm」、「SaleInputForm」、「SalePrintForm」等构件都有联结，外界环境「进货人员」和「SalePurchaseMenuForm」、「PurchaseInputForm」、「PurchasePrintForm」等构件都有联结，「SalePurchaseMenuForm」构件和「SaleInputForm」、「SalePrintForm」、「PurchaseInputForm」、「PurchasePrintForm」等构件都有联结，「SaleInputForm」、

「SalePrintForm」、「PurchaseInputForm」、「PurchasePrintForm」等构件和「SP_Database」构件都有联结。

有了构件联结图以后,「销售进货软件」的样式会呈现出来,因而「销售进货软件」的结构观点会变得更清晰。

## 17-5 结构行为合一图

在「销售进货软件」里,外界环境和它六个构件之间的互动,会产生「销售进货软件」的系统行为。如图 17-22 所示,外界环境「销售人员」和「SalePurchaseMenuForm」、「SaleInputForm」、「SP_Database」等构件互动产生「销售输入」行为,外界环境「销售人员」和「SalePurchaseMenuForm」、「SalePrintForm」、「SP_Database」等构件互动产生「销售列印」行为,外界环境「进货人员」和「SalePurchaseMenuForm」、「PurchaseInputForm」、「SP_Database」等构件互动产生「进货输入」行为,外界环境「进货人员」和「SalePurchaseMenuForm」、「PurchasePrintForm」、「SP_Database」等构件互动产生「进货列印」行为。(结构行为合一图是达到系统架构学的「结构行为合一」第五个金图。)

一个系统的行为乃是其个别的行为总合起来。例如,「销售进货软件」系统的整体系统行为包括「销售输入」、「销售列印」、「进货输入」、「进货列印」等四个个别的行为。换句话说,「销售输入」、「销售列印」、「进货输入」、「进货打印」等四个个别的行为总合起来就等于「销售进货软件」系统的整体系统行为。「销售输入」行为、「销售列印」行为、「进货输入」行为、「进货列印」行为四者彼此之间是相互独立,没有任何牵连。由于它们彼此之间没有任何瓜葛,因而这四个行为可以同时交错进行(Concurrently Execute),互不干扰 [Hoar85, Miln89, Miln99]。

采用系统架构学,最主要的目标就是只会有一个整合性全体的系统,而不会有各自分离的系统结构和系统行为。在图 17-22 中,我们可以看到,「销售进货软件」的系统结构和系统行为都一起存在其整合性全体的系统里面。换句话说,在「销售进货软件」整合性全体的系统里,我们不但看到它的系统结构,也同时看到它的系统行为。

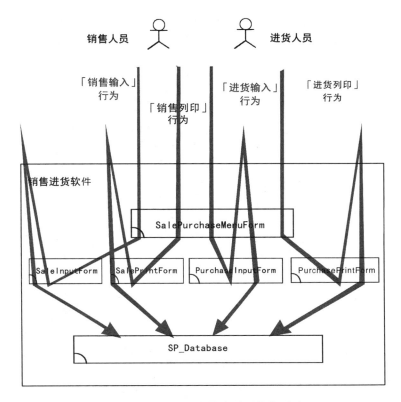

图 17-22 「销售进货软件」的结构行为合一图

## 17-6 互动流程图

一个系统的整体行为包括许多个别的行为，每一个个别的行为代表系统一个情境（Scenario）的执行路径，每个执行路径可以说就是一个互动流程图。执行路径可以说是将系统的内部细节互动串接起来，互动流程图强调的是这些串接起来的互动之先后次序。（互动流程图是达成系统架构学的「结构行为合一」第六个金图。）

「销售进货软件」的互动流程图共有四个，我们会将它们分别绘制出来。图 17-23 说明「销售输入」行为的互动流程图。首先，外界环境「销售人员」和「SalePurchaseMenuForm」构件发生「SaleInputClick」操作呼叫的互动。接着，「SalePurchaseMenuForm」构件和「SaleInputForm」构件发生「ShowModal」操作呼叫的互动。再来，外界环境「销售人员」和「SaleInputForm」构件发

生「SaleDataInput」操作呼叫、并带着「s_form」输入参数的互动。最后，「SaleInputForm」构件和「SP_Database」构件会发生「Sql_s_insert」操作呼叫，并带着「s_query_1」输入参数的互动。

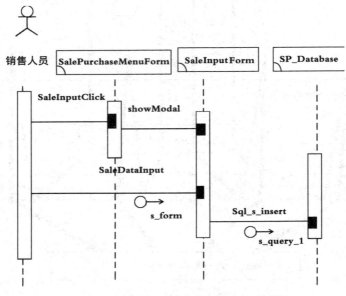

图 17-23 「销售输入」行为的互动流程图

图 17-24 说明「销售列印」行为的互动流程图。首先，外界环境「销售人员」和「SalePurchaseMenuForm」构件发生「SalePrintClick」操作呼叫的互动。接着，「SalePurchaseMenuForm」构件和「SalePrintForm」构件发生「ShowModal」操作呼叫。继续，外界环境「销售人员」和「SalePrintForm」构件发生「SalePrintButtonClick」操作呼叫，并带着「sDate」和「sNo」输入参数的互动。再来，「SalePrintForm」构件和「SP_Database」构件会发生「Sql_s_select」操作呼叫，并带着「sDate」和「sNo」输入参数以及「s_query_2」输出参数的互动。最后，外界环境「销售人员」和「SalePrintForm」构件发生「SalePrintButtonClick」操作传回，并带着「s_report」输出参数的互动。

图 17-25 说明「进货输入」行为的互动流程图。首先，外界环境「进货人员」和「SalePurchaseMenuForm」构件发生「SaleInputClick」操作呼叫的互动。接着，「SalePurchaseMenuForm」构件和「PurchaseInputForm」构件发生「ShowModal」操作呼叫的互动。再来，外界环境「进货人员」和「PurchaseInputForm」构件发生「PurchaseDataInput」操作呼叫，并带着「p_form」输入参数的互动。最后，

「PurchaseInputForm」构件和「SP_Database」构件会发生「Sql_p_insert」操作呼叫、并带着「p_query_1」输入参数的互动。

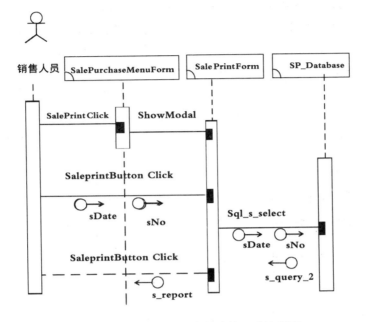

图 17-24 「销售列印」行为的互动流程图

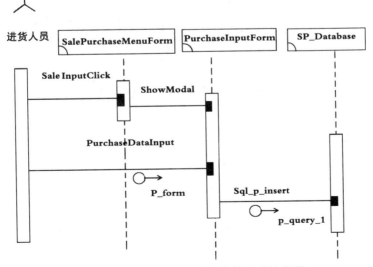

图 17-25 「进货输入」行为的互动流程图

图 17-26 说明「进货列印」行为的互动流程图。首先，外界环境「进货人员」和「SalePurchaseMenuForm」构件发生「PurchasePrintClick」操作呼叫的互动。接着，「SalePurchaseMenuForm」构件和「PurchasePrintForm」构件发生「ShowModal」操作呼叫的互动。继续，外界环境「进货人员」和「PurchasePrintForm」构件发生「PurchasePrintButtonClick」操作呼叫、并带着「pDate」和「pNo」输入参数的互动。再来，「PurchasePrintForm」构件和「SP_Database」构件会发生「Sql_p_select」操作呼叫、并带着「pDate」和「pNo」输入参数以及「p_query_2」输出参数的互动。最后，外界环境「进货人员」和「PurchasePrintForm」构件发生「PurchasePrintButtonClick」操作传回，并带着「p_report」输出参数的互动。

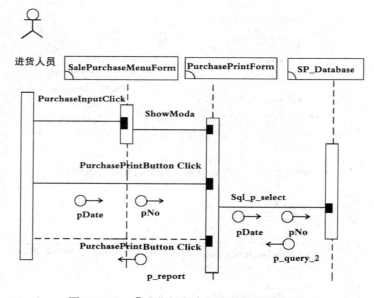

图 17-26 「进货打印」行为的互动流程图

# 第18章 接龙游戏的系统架构设计

「接龙游戏」在微软公司窗口操作系统 Window3.0 问世时，就是人人熟习的一个游戏系统。「接龙游戏」的作用之一是提供一个「接龙窗体」画面让外界环境「接龙玩家」进行「牌局」行为集合，内含「发牌」行为、「复原」行为、「纸牌花色」行为、「选项」行为、「结束」行为，如图 18-1 所示。

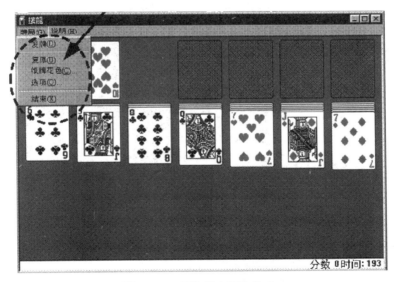

图 18-1 「牌局」行为集合

「接龙游戏」的作用之二是续用前述的「接龙窗体」画面让外界环境「接龙玩家」进行「说明」行为集合，内含「说明主题」行为、「关于接龙」行为，如图 18-2 所示。

在「发牌」行为里，我们直接利用「接龙窗体」画面来完成重新发牌的作用，如图 18-3 所示。

「说明主题」行为和「关于接龙」行为

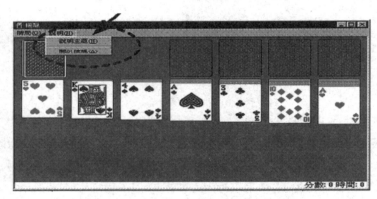

图 18-2　「说明」行为集合

重新发牌

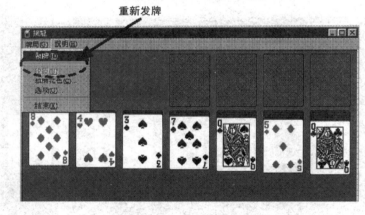

图 18-3　「发牌」行为

在「复原」行为里，我们也是直接利用「接龙窗体」画面来达到复原的作用，如图 18-4 所示。

在「纸牌花色」行为里，我们利用「选取纸牌花色窗体」画面来让玩家选取纸牌花色，如图 18-5 所示。

在「选项」行为里，我们利用「选项窗体」画面来让玩家完成各种选项的输入，如图 18-6 所示。

在「结束」行为里，我们再次直接利用「接龙窗体」画面来结束「接龙游戏」，如图 18-7 所示。

# 第 18 章 接龙游戏的系统架构设计

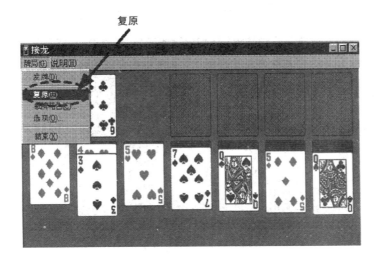

图 18-4 「复原」行为

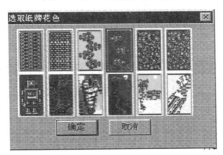

图 18-5 选取纸牌花色表单

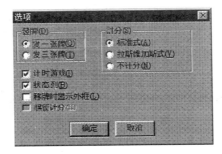

图 18-6 选项表单

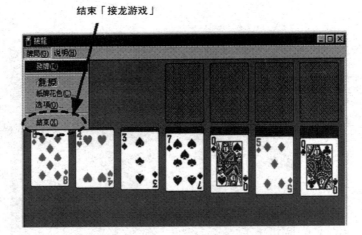

图 18-7 「结束」行为

在「说明主题」行为里,我们利用「接龙说明窗体」画面来让玩家阅读各类说明事项,如图 18-8 所示。

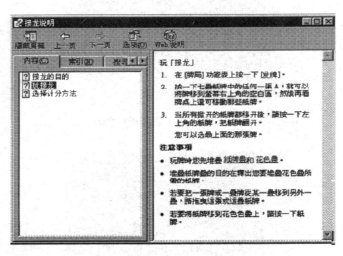

图 18-8 接龙说明表单

在「关于接龙」行为里,我们利用「关于接龙窗体」画面来介绍接龙游戏是一个怎么样的系统,如图 18-9 所示。

在本章「接龙游戏」的范例里,我们将依序使用 SBC 架构描述语言(SBC Architecture Description Language)的六大金图:(A)架构阶层图、(B)框架图、

# 第 18 章　接龙游戏的系统架构设计

（C）构件操作图、（D）构件联结图、（E）结构行为合一图、（F）互动流程图来完成此「接龙游戏」的系统架构学描述。

图 18-9　关于接龙表单

## 18-1　架构阶层图

首先，我们使用多阶层（Multi-Level）分解和组合方式将「接龙游戏」的架构阶层图（Architecture Hierarchy Diagram，简称为 AHD）绘制出来，如图 18-10 所示。（架构阶层图是达到系统架构学的「结构行为合一」第一个金图。）

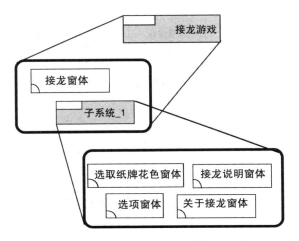

图 18-10　「接龙游戏」的架构阶层图

在图 18-10 里，首先「接龙游戏」分解出「接龙窗体」和「子系统-1」，然后「子系统-1」再分解出「选取纸牌花色窗体」、「选项窗体」、「接龙说明窗体」

和「关于接龙窗体」；反之，「选取纸牌花色窗体」、「选项窗体」、「接龙说明窗体」和「关于接龙窗体」先组成「子系统 1」，然后「接龙窗体」和「子系统 1」再组成「接龙游戏」。其中，「接龙游戏」和「子系统 1」为聚合系统（Aggregated System），「接龙窗体」、「选取纸牌花色窗体」、「选项窗体」、「接龙说明窗体」和「关于接龙窗体」为非聚合系统（Non-Aggregated System）。

## 18-2 框架图

我们使用框架图来多层级（Multi-Layer）或者多层次（Multi-Tier）分解和组合一个系统。图 18-11 显示在「接龙游戏」的框架图里，「Application_SubLayer_2」层包含「接龙窗体」一个构件，「Application_SubLayer_1」层包含「选取纸牌花色窗体」、「选项窗体」、「接龙说明窗体」和「关于接龙窗体」等四个构件。（框架图是达到系统架构学的「结构行为合一」第二个金图。）

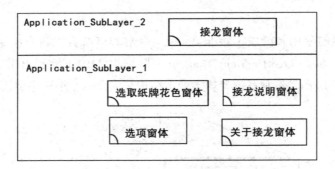

图 18-11 「接龙游戏」的框架图

## 18-3 构件操作图

另外，我们也会建置出「接龙游戏」所有构件的操作。图 18-12 使用构件操作图来显示「接龙游戏」五个构件的操作。其中，「接龙窗体」构件有「发牌 Click」、「复原 Click」、「纸牌花色 Click」、「选项 Click」、「结束 Click」、「说明主题 Click」、「关于接龙 Click」等七个操作，「选取纸牌花色窗体」构件有

# 第 18 章 接龙游戏的系统架构设计

「ShowModal」、「确定/取消」等两个操作,「选项窗体」构件有「ShowModal」、「确定/取消」等两个操作,「接龙说明窗体」构件有「ShowModal」一个操作,「关于接龙窗体」构件有「ShowModal」、「确定」等两个操作。(构件操作图是达到系统架构学的「结构行为合一」第三个金图。)

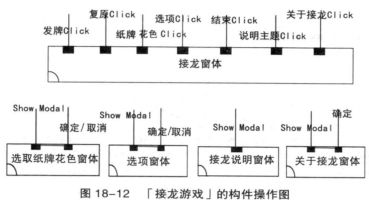

图 18-12 「接龙游戏」的构件操作图

## 18-4 构件联结图

完成「接龙游戏」的构件与操作后,我们可以开始绘制「接龙游戏」构件的联结。「接龙游戏」除了「接龙窗体」、「选取纸牌花色窗体」、「选项窗体」、「接龙说明窗体」、「关于接龙窗体」等构件外,尚有一个名称为「接龙玩家」的外界环境。

图 18-13 使用构件联结图来显示在「接龙游戏」里,外界环境「接龙玩家」和「接龙窗体」、「选取纸牌花色窗体」、「选项窗体」、「接龙说明窗体」、「关于接龙窗体」等构件之间的联结。(构件联结图是达到系统架构学的「结构行为合一」第四个金图。)

在图 18-13 中,外界环境「接龙玩家」和「接龙窗体」、「选取纸牌花色窗体」、「选项窗体」、「接龙说明窗体」、「关于接龙窗体」等构件都有联结,「接龙窗体」构件和「选取纸牌花色窗体」、「选项窗体」、「接龙说明窗体」、「关于接龙窗体」等构件也都有联结。

有了构件联结图以后,「接龙游戏」的样式会呈现出来,因而「接龙游戏」的结构观点会变得更清晰。

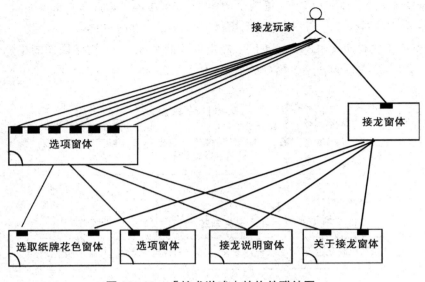

图 18-13 「接龙游戏」的构件联结图

## 18-5 结构行为合一图

在「接龙游戏」里，外界环境和它五个构件之间的互动，会产生「接龙游戏」的系统行为。如图 18-14 所示，外界环境「接龙玩家」和「接龙窗体」构件产生「发牌」行为；外界环境「接龙玩家」和「接龙窗体」构件产生「复原」行为；外界环境「接龙玩家」和「接龙窗体」、「选取纸牌花色窗体」等构件产生「纸牌花色」行为；外界环境「接龙玩家」和「接龙窗体」、「选项窗体」等构件产生「选项」行为；外界环境「接龙玩家」和「接龙窗体」构件产生「结束」行为；外界环境「接龙玩家」和「接龙窗体」、「接龙说明窗体」等构件产生「接龙说明」行为；外界环境「接龙玩家」和「接龙窗体」、「关于接龙窗体」等构件产生「关于接龙」行为。（结构行为合一图是达到系统架构学的「结构行为合一」第五个金图。）

一个系统的行为乃是其个别的行为总合起来。例如，「接龙游戏」的整体系统行为包括「发牌」、「复原」、「纸牌花色」、「选项」、「结束」、「接龙说明」、「关于接龙」七个个别的行为。换句话说，「发牌」、「复原」、「纸牌花色」、「选项」、「结束」、「接龙说明」、「关于接龙」等七个个别的行为总合起来就等于「接龙游戏」的整体系统行为。「发牌」行为、「复原」行为、「纸牌花色」行为、「选项」行

为、「结束」行为、「接龙说明」行为、「关于接龙」行为七者彼此之间是相互独立，没有任何牵连的。由于它们彼此之间没有任何瓜葛，因而这七个行为可以同时交错进行（Concurrently Execute），互不干扰 [Hoar85，Miln89，Miln99]。

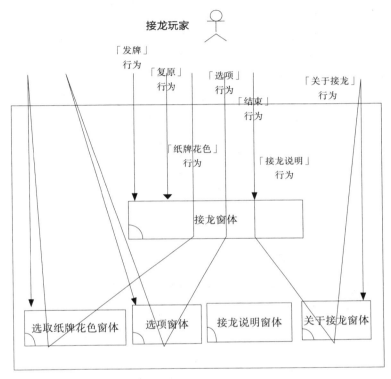

图 18-14 「接龙游戏」的结构行为合一图

采用系统架构学，最主要的目标就是只会有一个整合性全体的系统，而不会有各自分离的系统结构和系统行为。在图 18-14 中，我们可以看到，「接龙游戏」的系统结构和系统行为都一起存在其整合性全体的系统里面。换句话说，在「接龙游戏」整合性全体的系统里，我们不但看到它的系统结构，也同时看到它的系统行为。

## 18-6 互动流程图

一个系统的整体行为包括许多个别的行为，每一个个别的行为代表系统一个情

境（Scenario）的执行路径，每个执行路径可以说就是一个互动流程图。执行路径可以说是将系统的内部细节互动串接起来，互动流程图强调的是这些串接起来的互动之先后次序。（互动流程图是达成系统架构学的「结构行为合一」第六个金图。）

「接龙游戏」的互动流程图共有七个，我们会将它们分别绘制出来。图 18-15 说明「发牌」行为的互动流程图。外界环境「接龙玩家」和「接龙窗体」发生「发牌 Click」操作呼叫的互动。

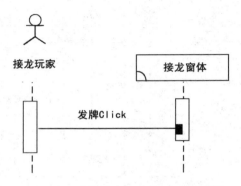

图 18-15　「发牌」行为的互动流程图

图 18-16 说明「复原」行为的互动流程图。外界环境「接龙玩家」和「接龙窗体」会发生「复原 Click」操作呼叫的互动。

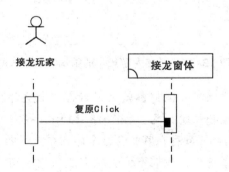

图 18-16　「复原」行为的互动流程图

图 18-17 说明「纸牌花色」行为的互动流程图。首先，外界环境「接龙玩家」和「接龙窗体」发生「纸牌花色 Click」操作呼叫的互动。接着，「接龙窗体」构件和「选取纸牌花色窗体」构件发生「ShowModal」操作呼叫的互动。最后，外界环境「接龙玩家」和「选取纸牌花色窗体」发生「确定 / 取消」操作呼叫的互动。

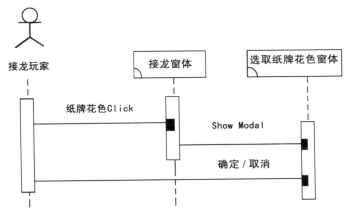

图 18-17 「纸牌花色」行为的互动流程图

图 18-18 说明「选项」行为的互动流程图。首先,外界环境「接龙玩家」和「接龙窗体」发生「选项 Click」操作呼叫的互动。接着,「接龙窗体」构件和「选项窗体」构件发生「ShowModal」操作呼叫的互动。最后,外界环境「接龙玩家」和「选项窗体」发生「确定/取消」操作呼叫的互动。

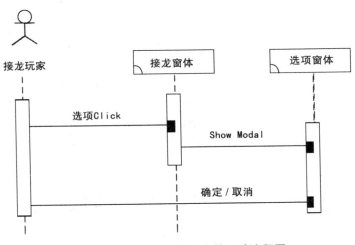

图 18-18 「选项」行为的互动流程图

图 18-19 说明「结束」行为的互动流程图。外界环境「接龙玩家」和「接龙窗体」发生「结束 Click」操作呼叫的互动。

图 18-20 说明「说明主题」行为的互动流程图。首先,外界环境「接龙玩家」和「接龙窗体」发生「说明主题 Click」操作呼叫的互动。接着,「接龙窗体」构件

和「接龙说明窗体」构件发生「ShowModal」操作呼叫的互动。

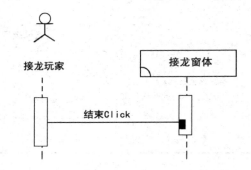

图 18-19 「结束」行为的互动流程图

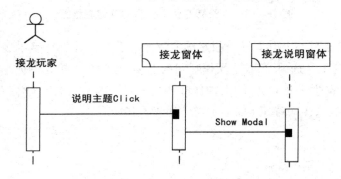

图 18-20 「说明主题」行为的互动流程图

图 18-21 说明「关于接龙」行为的互动流程图。首先，外界环境「接龙玩家」和「接龙窗体」发生「关于接龙 Click」操作呼叫的互动。接着，「接龙窗体」构件和「关于接龙窗体」构件发生「ShowModal」操作呼叫的互动。最后，外界环境「接龙玩家」和「关于接龙窗体」发生「确定」操作呼叫的互动。

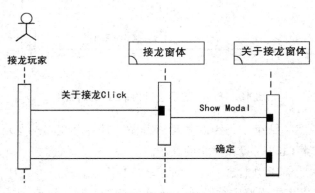

图 18-21 「关于接龙」行为的互动流程

# 第19章  智能食安物联网的系统架构设计

近期食安问题，造成民众对餐饮业者信心丧失。「智能食安物联网」的目标在于建立民众对食安问题的正确认知，消除无谓的疑虑与不安，进而提升当地餐饮营收。「智能食安物联网」系统主要是提供「食材登录与认证」、「消费者查询食安」以及「食安状态打印」等三个行为。透过这三个行为，外界环境「厂商」、「食材」、「消费者」以及「管理者」会和此「智能食安物联网」系统产生互动，如图19-1所示。

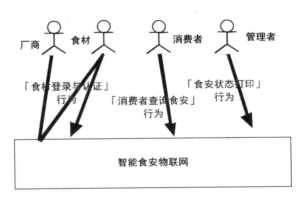

图 19-1 「智能食安物联网」的行为

在本章「智能食安物联网」的范例里，我们将依序使用SBC架构描述语言（SBC Architecture Description Language）的六大金图：（A）架构阶层图、（B）框架图、（C）构件操作图、（D）构件联结图、（E）结构行为合一图、（F）互动流程图来完成此「智能食安物联网」的系统架构设计。

## 19-1 架构阶层图

首先，我们使用多阶层（Multi-Level）分解和组合方式将「智能食安物联网」

的架构阶层图（Architecture Hierarchy Diagram，简称为 AHD）绘制出来，如图 19-2 所示。（架构阶层图是达到系统架构学的「结构行为合一」第一个金图。）

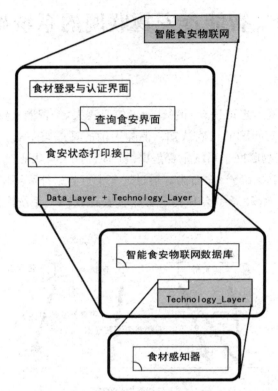

图 19-2 「智能食安物联网」的架构阶层图

在图 19-2 里，「智能食安物联网」分解出「食材登录与认证界面」、「查询食安接口」、「食安状态打印接口」和「Data_Layer + Technology_Layer」，「Data_Layer + Technology_Layer」分解出「智能食安物联网数据库」和「Technology_Layer」，「Technology_Layer」分解出「食材感知器」；反之，「食材感知器」组成「Technology_Layer」，「智能食安物联网数据库」和「Technology_Layer」组成「Data_Layer + Technology_Layer」，「食材登录与认证界面」、「查询食安接口」、「食安状态打印接口」和「Data_Layer + Technology_Layer」组成「智慧食安物联网」。其中，「智能食安物联网」、「Data_Layer + Technology_Layer」、「Technology_Layer」为聚合系统（Aggregated System），「食材登录与认证界面」、「查询食安接口」、「食安状态打印接口」、「智能食安物联网数据库」和「食材感知器」为非聚合系统（Non-Aggregated System）。

## 19-2 框架图

我们使用框架图来多层级（Multi-Layer）或者多层次（Multi-Tier）分解和组合一个系统。图 19-3 显示在「智能食安物联网」系统的框架图里，「Application_Layer」层包含「食材登录与认证接口」、「查询食安接口」、「食安状态打印接口」等三个构件，「Data_Layer」层包含「智能食安物联网数据库」一个构件，「Technology_Layer」层包含「食材感知器」一个构件。（框架图是达到系统架构学的「结构行为合一」第二个金图。）

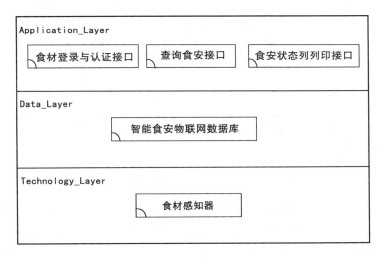

图 19-3 「智能食安物联网」的框架图

## 19-3 构件操作图

另外，我们也会建置出「智能食安物联网」所有构件的操作。图 19-4 使用构件操作图来显示「智能食安物联网」五个构件的操作。其中，「食材登录与认证接口」构件有「启动感测」一个操作；「查询食安接口」构件有「查询」一个操作；「食安状态打印接口」构件有「打印」一个操作；「智能食安物联网数据库」构件有「SQL_Insert_001」、「SQL_Select_001」、「SQL_Select_002」等三个操作；「食材感知器」构件有「食材感测侦测」、「食材感测数据回传」等两个操作。（构件操作图

是达到系统架构学的「结构行为合一」第三个金图。)

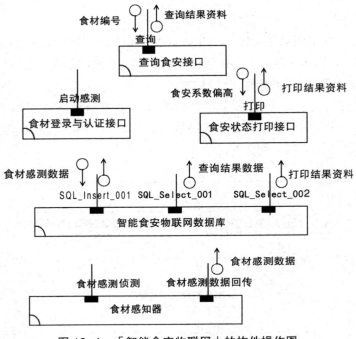

图 19-4 「智能食安物联网」的构件操作图

「查询」的操作式子为查询（In 食材编号；Out 查询结果数据），「打印」的操作式子为打印（In 食安系数偏高；Out 打印结果数据），「SQL_Insert_001」的操作式子为 SQL_Insert_001（In 食材感测数据），「SQL_Select_001」的操作式子为 SQL_Select_001（Out 查询结果数据），「SQL_Select_002」的操作式子为 SQL_Select_002（Out 打印结果数据），「食材感测数据回传」的操作式子为食材感测数据回传（Out 食材感测资料）。

图 19-5 显示参数「食材编号」、「食安系数偏高」等等的基本数据形态（Primitive Data Type）的规格。

图 19-6 显示在操作式子查询（In 食材编号；Out 查询结果数据）以及操作式子 SQL_Select_001（Out 查询结果数据）里的输出参数「查询结果数据」的复合数据形态（Composite Data Type）的规格。

图 19-7 显示在操作式子打印（In 食安系数偏高；Out 打印结果数据）以及操作式子 SQL_Select_002（Out 打印结果数据）里的输出参数「打印结果数据」的复合数据形态（Composite Data Type）的规格。

## 第 19 章　智能食安物联网的系统架构设计

| 参数 | 资料形态 | 范例 |
|---|---|---|
| 食材编号 | Text | ABS00001, CDG12345, YYZ98765 |
| 食安系数偏高 | Real | 0.001, 0.002, 0.003 |

图 19-5　基本资料形态的规格

| 参数 | 查询结果数据 |
|---|---|
| 资料形态 | TABLE of<br>　　食材编号：Text<br>　　食材名称：Text<br>　　食安系数：Real<br>End TABLE; |
| 范例 | 食材编号　食材名称　食安系数<br>ABS00001　美国牛肉　0.003 |

图 19-6　「查询结果数据」复合资料形态的规格

| 参数 | 打印结果数据 |
|---|---|
| 资料形态 | TABLE of<br>　　食材编号：Text<br>　　食材名称：Text<br>End TABLE; |
| 范例 | 食材编号　食材名称<br>ABS00001　美国牛肉<br>UGK23401　日本猪肉 |

图 19-7　「打印结构资料」复合数据形态的规格

图 19-8 显示在操作式子食材感测资料回传（Out 食材感测数据）里的输出参数以及操作式子 SQL_Insert_001（In 食材感测数据）里的输入参数「食材感测数据」的复合数据形态（Composite Data Type）的规格。

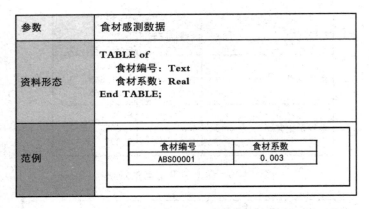

图 19-8 「食材感测数据」复合数据形态的规格

## 19-4 构件联结图

完成「智能食安物联网」的构件与操作后,我们可以开始绘制「智能食安物联网」内所有构件的联结。「智能食安物联网」除了「食材登录与认证接口」、「查询食安接口」、「食安状态打印接口」、「智能食安物联网数据库」和「食材感知器」等构件外,尚有四个名称为「厂商」、「食材」、「消费者」和「管理者」的外界环境。

图 19-9 使用构件联结图来显示在「智能食安物联网」里,「厂商」、「食材」、「消费者」、「管理者」外界环境和「食材登录与认证接口」、「查询食安接口」、「食安状态打印接口」、「智能食安物联网数据库」、「食材感知器」等构件彼此之间的联结。(构件联结图是达到系统架构学的「结构行为合一」第四个金图。)

在图 19-9 中,外界环境「厂商」和「食材登录与认证接口」构件有联结,外界环境「食材」和「食材感知器」构件有联结,外界环境「消费者」和「查询食安接口」构件有联结,外界环境「管理者」和「食安状态打印接口」构件有联结,「食材登录与认证接口」构件和「食材感知器」构件有联结,「食材登录与认证接口」、「查询食安接口」、「食安状态打印接口」等构件和「智能食安物联网数据库」构件有联结。

有了构件联结图以后,「智能食安物联网」的样式会呈现出来,因而「智能食安物联网」的结构观点会变得更清晰。

第 19 章 智能食安物联网的系统架构设计

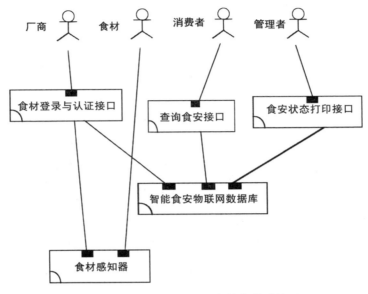

图 19-9 「智能食安物联网」的构件联结图

## 19-5 结构行为合一图

在「智能食安物联网」里，外界环境和它五个构件之间的互动，会产生「智能食安物联网」的系统行为。如图 19-10 所示，外界环境「厂商」、「食材」和「食材登录与认证接口」、「智能食安物联网数据库」、「食材感知器」等构件互动产生「食材登录与认证」行为，外界环境「消费者」和「查询食安接口」、「智能食安物联网数据库」等构件互动产生「消费者查询食安」行为，外界环境「管理者」和「食安状态打印接口」、「智能食安物联网数据库」等构件互动产生「食安状态打印」行为。（结构行为合一图是达到系统架构学的「结构行为合一」第五个金图。）

一个系统的行为乃是其个别的行为总合起来。例如，「智能食安物联网」的整体系统行为包括「食材登录与认证」、「消费者查询食安」、「食安状态打印」等三个个别的行为。换句话说，「食材登录与认证」、「消费者查询食安」、「食安状态打印」等三个个别的行为总合起来就等于「智能食安物联网」的整体系统行为。「食材登录与认证」行为、「消费者查询食安」行为、「食安状态打印」行为三者彼此之间是相互独立，没有任何牵连的。由于它们彼此之间没有任何瓜葛，因而这

三个行为可以同时交错进行（Concurrently Execute），互不干扰 [Hoar85，Miln89，Miln99]。

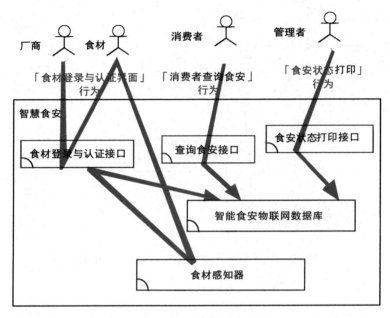

图 19-10　「智能食安物联网」的结构行为合一图

采用系统架构学，最主要的目标就是只会有一个整合性全体的系统，而不会有各自分离的系统结构和系统行为。在图 19-10 中，我们可以看到，「智能食安物联网」的系统结构和系统行为都一起存在其整合性全体的系统里面。换句话说，在「智能食安物联网」整合性全体的系统里，我们不但看到它的系统结构，也同时看到它的系统行为。

## 19-6　互动流程图

一个系统的整体行为包括许多个别的行为，每一个个别的行为代表系统一个情境（Scenario）的执行路径，每个执行路径可以说就是一个互动流程图。执行路径可以说是将系统的内部细节互动串接起来，互动流程图强调的是这些串接起来的互动之先后次序。（互动流程图是达成系统架构学的「结构行为合一」第六个金图。）

「智慧食安物联网」的互动流程图共有三个，我们会将它们分别绘制出来。图

# 第 19 章　智能食安物联网的系统架构设计

19-11 说明「食材登录与认证」行为的互动流程图。首先，外界环境「厂商」和「食材登录与认证接口」构件发生「启动感测」操作呼叫的互动。接着，外界环境「食材」和「食材感知器」构件发生「食材感测」操作呼叫的互动。再来，「食材登录与认证接口」构件和「食材感知器」构件发生「食材感测数据回传」操作呼叫，并带着「食材感测数据」输出参数的互动。最后，「食材登录与认证接口」构件和「智能食安物联网数据库」构件发生「SQL_Insert_001」操作呼叫，并带着「食材感测数据」输入参数的互动。

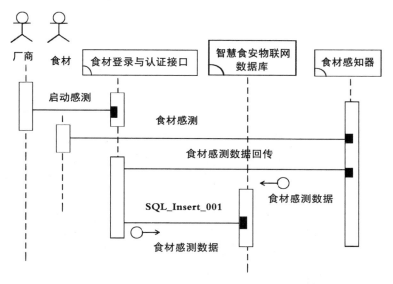

图 19-11　「食材登录与认证」行为的互动流程图

　　图 19-12 说明「消费者查询食安」行为的互动流程图。首先，外界环境「消费者」和「查询食安接口」构件发生「查询」操作呼叫，并带着「食材编号」输入参数的互动。接着，「查询食安接口」构件和「智能食安物联网数据库」构件发生「SQL_Select_001」操作呼叫，并带着「查询结果数据」输出参数的互动。最后，外界环境「消费者」和「查询食安接口」构件发生「查询」操作传回，并带着「查询结果数据」输出参数的互动。

　　图 19-13 说明「食安状态打印」行为的互动流程图。首先，外界环境「管理者」和「食安状态打印接口」构件发生「打印」操作呼叫，并带着「食安系数偏高」输入参数的互动。接着，「食安状态打印接口」构件和「智能食安物联网数据库」构件发生「SQL_Select_002」操作呼叫，并带着「打印结果数据」输出参数的互动。最后，外界环境「管理者」和「食安状态打印接口」构件发生「打印」操作传回，

并带着「打印结果数据」输出参数的互动。

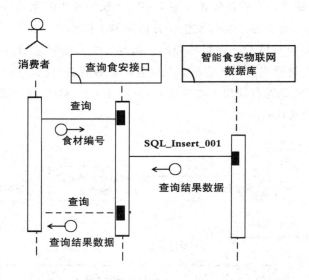

图 19-12 「消费者查询食安」行为的互动流程图

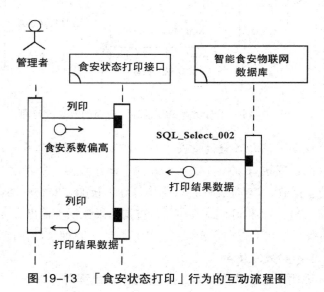

图 19-13 「食安状态打印」行为的互动流程图

# 第20章 居家照护物联网的系统架构设计

「居家照护物联网」系统（Home Care Cloud Applications and Services of System，简称为 HCCASIS）透过无线感知器自动侦测，可了解长辈在家中活动及平安状况。若有紧急事情，照护人员亦可以马上处理。其实长辈都有自主生活管理的尊严，不希望子女花太多心力来照顾自己，但子女又担心父母亲在家会发生事情，这时候「居家照护物联网」系统就可发挥效用，而且是在无感生活中得到有感服务。

「居家照护物联网」系统要是提供「Registering_Home_Account」、「Sensing_Resident_Position」、「Alerts_Notifying」、「Recording_Emergency_Responses」、以及「Printing_Monthly_Statistics」等五个行为。透过这五个行为，外界环境「Homecare_Provider」、「Server_Root」、「One_Minute_Interval」、以及「Senior_Residents」会和此「居家照护物联网」系统产生互动，如图20-1所示。

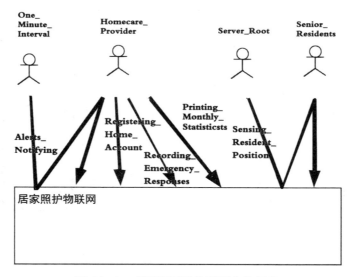

图 20-1 「居家照护物联网」的行为

在本章「居家照护物联网」的范例里，我们将依序使用 SBC 架构描述语言（SBC Architecture Description Language）的六大金图：（A）架构阶层图、（B）框架

图、(C)构件操作图、(D)构件联结图、(E)结构行为合一图、(F)互动流程图来完成此「居家照护物联网」的系统架构设计。

## 20-1 架构阶层图

首先，我们使用多阶层（Multi-Level）分解和组合方式将「居家照护物联网」系统的架构阶层图（Architecture Hierarchy Diagram，简称为 AHD）绘制出来，如图 20-2 所示。（架构阶层图是达到系统架构学的「结构行为合一」第一个金图。）

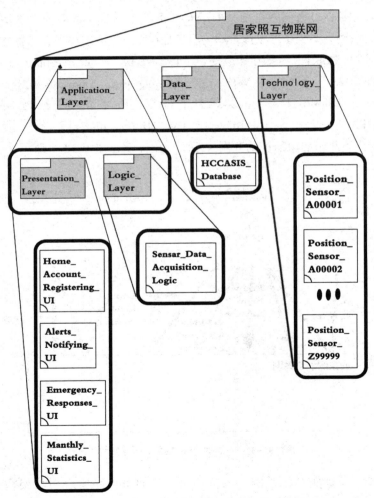

图 20-2 「居家照护物联网」的架构阶层图

第 20 章　居家照护物联网的系统架构设计

在图 20-2 里,「居家照护物联网」分解出「Application_Layer」、「Data_Layer」、「Technology_Layer」,「Application_Layer」分解出「Presentation_Layer」和「Logic_Layer」,「Data_Layer」分解出「HCCASIS_Database」,「Technology_Layer」分解出「Position_Sensor_A00001」、「Position_Sensor_A00002」、…「Position_Sensor_Z99999」等等,「Presentation_Layer」分解出「Home_Account_Registering_UI」、「Alerts_Notifying_UI」、「Emergency_Responses_UI」、「Monthly_Statistics_UI」,「Logic_Layer」分解出「Sensor_Data_Acquisition_Logic」。其中,「居家照护物联网」、「Application_Layer」、「Data_Layer」、「Technology_Layer」、「Presentation_Layer」、「Logic_Layer」为聚合系统,「Home_Account_Registering_UI」、「Alerts_Notifying_UI」、「Emergency_Responses_UI」、「Monthly_Statistics_UI」、「HCCASIS_Database」、「Position_Sensor_A00001」、「Position_Sensor_A00002」、…「Position_Sensor_Z99999」等等为非聚合系统。

## 20-2　框架图

我们使用框架图来多层级（Multi-Layer）或者多层次（Multi-Tier）分解和组合一个系统。图 20-3 显示在「居家照护物联网」系统的框架图里,「Application_Layer」层有「Presentation_Layer」和「Logic_Layer」两个子层,「Presentation_Layer」子层包含「Home_Account_Registering_UI」、「Alerts_Notifying_UI」、「Emergency_Responses_UI」、Monthly_Statistics_UI」等四个构件,「Logic_Layer」子层包含「Sensor_Data_Acquisition_Logic」一个构件,「Data_Layer」层包含「HCCASIS_Database」一个构件,「Technology_Layer」层包含「Position_Sensor_A00001」、「Position_Sensor_A00002」、…「Position_Sensor_Z99999」等许多个构件。（框架图是达到系统架构学的「结构行为合一」第二个金图。）

## 20-3　构件操作图

另外,我们也会建置出「居家照护物联网」所有构件的操作。图 20-4 使用构件操作图来显示「居家照护物联网」所有构件的操作。其中,「Home_Account_Registering_UI」构件有「Input_Home_Data」一个操作;「Alerts_Notifying_UI」

构件有「Showing_All_Alerts」、「Displaying_Alerts」等两个操作；「Emergency_Responses_UI」构件有「Input_Emergency_Responses」一个操作；「Monthly_Statistics_UI」构件有「PrintButton_Click」一个操作；「Sensor_Data_Acquisition_Logic」构件有「Fork_SDAL_Process」一个操作；「HCCASIS_Database」构件有「SQL_Insert_Home_Data」、「SQL_Insert_3-Dimensional_Locations」、「SQL_Select_3-Dimensional_Locations_for_Alerts_Analysis」、「SQL_Insert_Emergency_Responses」、「SQL_Select_Monthly_Statistics」等五个操作；「Position_Sensor_N（N = A00001 to Z99999）」构件有「Sensing_Position」、「Returning_Position」等两个操作。（构件操作图是达到系统架构学的「结构行为合一」第三个金图。）

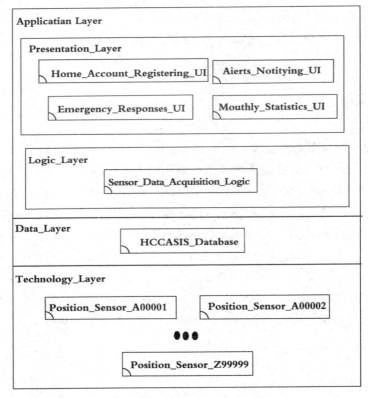

图 20-3　「居家照护物联网」的框架图

# 第 20 章　居家照护物联网的系统架构设计

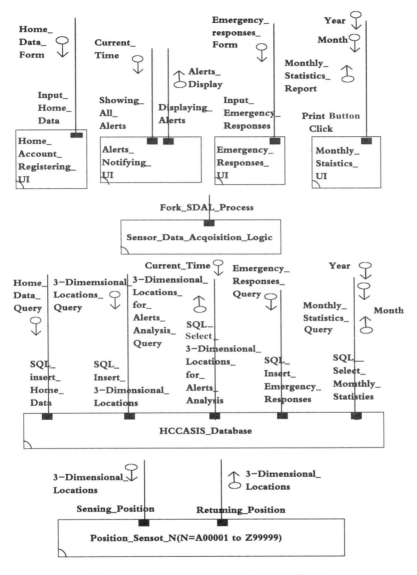

图 20-4　「居家照护物联网」的构件操作图

「Input_Home_Data」的操作式子为 Input_Home_Data（In Home_Data_Form），「Showing_All_Alerts」的操作式子为 Showing_All_Alerts（In Current_Time），「Displaying_Alerts」的操作式子为 Displaying_Alerts（Out Alerts_Display），「Input_Emergency_Responses」的操作式子为 Input_Emergency_Responses（In Emergency_Responses_Form），「PrintButton_Click」的操作式子为 PrintButton_Click（In Year,

Month；Out Monthly_Statistics_Report），「Fork_SDAL_Process」的操作式子为Fork_SDAL_Process，「SQL_Insert_Home_Data」的操作式子为SQL_Insert_Home_Data（In Home_Data_Query），「SQL_Insert_3-Dimensional_Locations」的操作式子为SQL_Insert_3-Dimensional_Locations（In 3-Dimensional_Locations_Query），「SQL_Select_3-Dimensional_Locations_for_Alerts_Analysis」的操作式子为SQL_Select_3-Dimensional_Locations_for_Alerts_Analysis（In Current_Time；Out 3-Dimensional_Locations_for_Alerts_Analysis_Query），「SQL_Insert_Emergency_Responses」的操作式子为SQL_Insert_Emergency_Responses（In Emergency_Responses_Query），「SQL_Select_Monthly_Statistics」的操作式子为SQL_Select_Monthly_Statistics（In Year, Month；Out Monthly_Statistics_Query），「Sensing_Position」的操作式子为Sensing_Position（In 3-Dimensional_Locations），「Returning_Position」的操作式子为Returning_Position（Out 3-Dimensional_Locations）。

图 20-5 显示在操作式子「Input_Home_Data（In Home_Data_Form）」里的输入参数「Home_Data_Form」的复合数据形态（Composite Data Type）的规格。

| Parameter | Home_Data_Form |
|---|---|
| Data Type | TABLE of<br>Home_No:Tex<br>Address:Text<br>Relative Name:Text<br>Relative Phone:Text<br>First_Name:Text<br>Last_Name:Text<br>Aga:Integer<br>End TABLE; |
| Instances | **Home_Data_Form**<br><br>Home_No:A00001<br>Address:8417 Lorna Rd,Birmingham,AL 35216<br>Relative Name:Tom Hutchison<br>Relative Phone:(205)786-4328<br><br>First_Name　　Last_Name　　Age<br><br>Grace　　　　　Hutchison　　82<br>John　　　　　　Hutchison　　83 |

图 20-5　「Home_Data_Form」复合数据形态的规格

# 第 20 章　居家照护物联网的系统架构设计

图 20-6 显示参数「Current_Time」、「Year」、「Month」等等的基本数据形态（Primitive Data Type）的规格。

| Parameter | Data Type | Instances |
|---|---|---|
| Current_Time | Text | 20150612231759 |
| Year | Text | 2015 |
| Month | Text | 06 |

图 20-6　基本资料形态的规格

图 20-7 显示在操作式子「Displaying_Alerts（Out Alerts_Display）」里的输出参数「Alerts_Display」的复合数据形态（Composite Data Type）的规格。

| Parameter | Alerts_Disply |
|---|---|
| Data Type | TABLE of<br>　Home_No:Text<br>　Alert_Code:Text<br>End TABLE; |
| Instances | Alerts Display<br><br>\| Home_No \| Alert_Code \|<br>\| A00231 \| 01 \|<br>\| B34502 \| 01 \|<br>\| Q34567 \| 03 \|<br>\| S17896 \| 01 \| |

图 20-7　「Alerts_Display」复合数据形态的规格

图 20-8 显示在操作式子「Input_Emergency_Responses（In Emergency_Responses_Form）」里的输入参数「Emergency_Responses_Form」的复合数据形态（Composite Data Type）的规格。

图 20-9 显示在操作式子「PrintButton_Click（In Year, Month；Out Monthly_Statistics_Report）」里的输出参数「Monthly_Statistics_Report」的复合数据形态（Composite Data Type）的规格。

| Parameter | Emergency_Responses_Form |
|---|---|
| Data Type | TABLE of<br>　Home No :Text<br>　Time to kespond: Text<br>　Actions Taken to Respond :Text<br>End TABLE; |
| Instances | Emergency Responses Form<br><br>Home_No:A12345<br>Time_to_Respond:20150607134000<br><br>　　　　　　　Actions_Taken_to_Respond<br>　　　　　　　Send pepple there<br>　　　　　　　Nofift the relatives |

图 20-8 「Emergency_Responses_Form」复合数据形态的规格

| Parameter | Monthly_Statistics_Report |
|---|---|
| Data Type | TABLE of<br>　Home No:Text<br>　Alert_Code:Text<br>　Alert_Occurrence_Number.Integer<br>End TABLE; |
| Instances | Monthly_Statistics_Report<br><br>| Home_No | Alert_Code | Alert_Occurrence_Number |<br>\|---\|---\|---\|<br>\| A11111 \| 01 \| 1 \|<br>\| A11111 \| 02 \| 1 \|<br>\| A22222 \| 03 \| 2 \|<br>\| A33333 \| 01 \| 1 \| |

图 20-9 「Monthly_Statistics_Report」复合资料形态的规格

图 20-10 显示在操作式子「SQL_Insert_Home_Data（In Home_Data_Query）」里的输入参数「Home_Data_Query」的复合数据形态（Composite Data Type）的规格。

## 第 20 章　居家照护物联网的系统架构设计

| Parameter | Home_Data_Query |
|---|---|
| Data Type | TABLE of<br>　Home No:Text<br>　Address:Text Text<br>　Relative Name:Text<br>　Relative Phone :Text<br>　First_Name:Text<br>　Last Name :Text<br>　Age:Integer<br>End TABLE; |
| Instances | Home_No:A00001<br>Address:8417 Loma Rd,Bimingham,AL35216<br>Relative Name:Tom Hutchison<br>Relative Phone:(205)786-4328<br><br>\| First_Name \| Last_Name \| Age \|<br>\|---\|---\|---\|<br>\| Grace \| Hutchison \| 82 \|<br>\| John \| Hutchison \| 83 \| |

图 20-10　「Home_Data_Query」复合数据形态的规格

图 20-11 显示在操作式子「SQL_Insert_3-Dimensional_Locations（In 3-Dimensional_Locations_Query）」里的输入参数「3-Dimensional_Locations_Query」的复合数据形态（Composite Data Type）的规格。

| Parameter | 3-Dimensional_Locations_Query |
|---|---|
| Data Type | TABLE of<br>　Home_No:Text<br>　Recorded_Time:Text<br>　X-coordinate:Real<br>　Y-coordinate:Real<br>　Z-coordinate:Real<br>End TABLE; |
| Instances | Home_NoA12345<br>Recorder_Time:20150606142500<br><br>\| X-coordinate \| Y-coordinate \| Z-coordinate \|<br>\|---\|---\|---\|<br>\| 240 \| 120 \| 38 \|<br>\| 200 \| 150 \| 31 \| |

图 20-11　「3-Dimensional_Locations_Query」复合数据形态的规格

图 20-12 显示在操作式子「SQL_Select_3-Dimensional_Locations_for_Alerts_Analysis（In Current_Time；Out 3-Dimensional_Locations_for_Alerts_Analysis_Query）」里的输出参数「3-Dimensional_Locations_for_Alerts_Analysis_Query」的复合数据形态（Composite Data Type）的规格。

| Parameter | 3-Dimensional_Locations_Query | | | | |
|---|---|---|---|---|---|
| Data Type | TABLE of<br>  Home No:Text<br>  Recorded_Time:Text<br>  X-coordinate:Real<br>  Y-coordinate:Real<br>  Z-coordinate:Real<br>End TABLE; | | | | |
| Instances | Home_No | Recorded_Time | X-coordinate | Y-coordinate | Z-coordinate |
| | A11111 | 20150606142500 | 200 | 150 | 38 |
| | A11111 | 20150606142530 | 180 | 140 | 38 |
| | A22222 | 20150606142500 | 100 | 250 | 30 |
| | A22222 | 20150606142530 | 100 | 240 | 30 |

图 20-12 「3-Dimensional_Locations_for_Alerts_Analysis_Query」复合数据形态的规格

图 20-13 显示在操作式子「SQL_Insert_Emergency_Responses（In Emergency_Responses_Query）」里的输入参数「Emergency_Responses_Query」的复合数据形态（Composite Data Type）的规格。

图 20-14 显示在操作式子「SQL_Select_Monthly_Statistics（In Year, Month；Out Monthly_Statistics_Query）」里的输出参数「Monthly_Statistics_Query」的复合数据形态（Composite Data Type）的规格。

图 20-15 显示在操作式子「Sensing_Position（In 3-Dimensional_Locations）」里的输入参数以及操作式子「Returning_Position（Out 3-Dimensional_Locations）」里的输出参数「3-Dimensional_Locations」的复合数据形态（Composite Data Type）的规格。

## 第 20 章 居家照护物联网的系统架构设计

| Parameter | Emergency_Responses_Query |
|---|---|
| Data Type | TABLE of<br>  Home No:Text<br>  Time_to_Respond: Text<br>  Actions_Taken_to_Respond :Text<br>End TABLE; |
| Instances | Home_No: A12345　Time_to_Respond: 20150607134000<br><br>Actions_Taken_to_Respond:<br>Send people there<br>Nofify the relatives |

图 20-13 「Emergency_Responses_Query」复合数据形态的规格

| Parameter | Monthly_Statistics_Query |
|---|---|
| Data Type | TABLE of<br>  Home_No:Text<br>  Alent_Occurrence_Time:Text<br>  Alent_Code:Text<br>End TABLE; |
| Instances | Home_No \| Alert_Occurrence_Time \| Alert_Code<br>A11111 \| 20150603142500 \| 01<br>A11111 \| 20150606091200 \| 02<br>A22222 \| 20150602183030 \| 03<br>A33333 \| 20150606142500 \| 01 |

图 20-14 「Monthly_Statistics_Query」复合数据形态的规格

| Parameter | 3-Dimensional_Locations |
|---|---|
| Data Type | TABLE of<br>  X-coordinate:Real<br>  Y-coordinate:Real<br>  Z-coordinate:Real<br>End TABLE; |
| Instances | <table><tr><td>X-coordinate</td><td>Y-coordinate</td><td>Z-coordinate</td></tr><tr><td>240</td><td>120</td><td>37</td></tr><tr><td>200</td><td>150</td><td>30</td></tr></table> |

图 20-15　「3-Dimensional_Locations」复合数据形态规格

## 20-4　构件联结图

完成「居家照护物联网」系统的构件与操作后，我们可以开始绘制「居家照护物联网」系统内所有构件的联结。「居家照护物联网」除了「Alerts_Notifying_UI」、「Home_Account_Registering_UI」、「Emergency_Responses_UI」、「Monthly_Statistics_UI」、「Sensor_Data_Acquisition_Logic」、「HCCASIS_Database」、「Position_Sensor_N（N = A00001 to Z99999）」等构件外，尚有四个名称为「One_Minute_Interval」、「Homecare_Provider」、「Server_Root」、「Senior_Residents」的外界环境。

图 20-16 使用构件联结图来显示在「居家照护物联网」系统里，「One_Minute_Interval」、「Homecare_Provider」、「Server_Root」等外界环境和「Alerts_Notifying_UI」、「Home_Account_Registering_UI」、「Emergency_Responses_UI」、「Monthly_Statistics_UI」、「Sensor_Data_Acquisition_Logic」、「HCCASIS_Database」、「Position_Sensor_N（N = A00001 to Z99999）」等构件彼此之间的联结。（构件联结图是达到系统架构学的「结构行为合一」第四个金图。）

在图 20-16 中，外界环境「One_Minute_Interval」和「Alerts_Notifying_UI」构件有联结，外界环境「Homecare_Provider」和「Alerts_Notifying_UI」、「Home_Account_Registering_UI」、「Emergency_Responses_UI」、「Monthly_Statistics_UI」等构件都有联结，外界环境「Server_Root」和「Sensor_Data_Acquisition_Logic」

构件有联结，外界环境「Senior_Residents」和「Position_Sensor_N（N = A00001 to Z99999）」构件有联结，「Alerts_Notifying_UI」、「Home_Account_Registering_UI」、「Emergency_Responses_UI」、「Monthly_Statistics_UI」等构件和「HCCASIS_Database」构件都有联结，构件「Sensor_Data_Acquisition_Logic」和「HCCASIS_Database」、「Position_Sensor_N（N = A00001 to Z99999）」等构件都有联结。

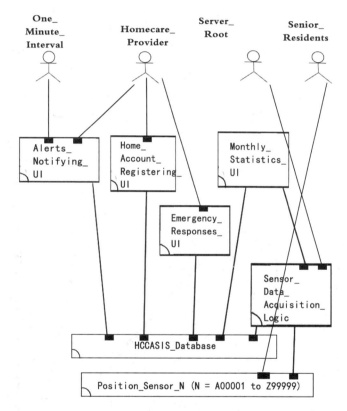

图 20-16 「居家照护物联网」的构件联结图

有了构件联结图以后，「居家照护物联网」系统的样式会呈现出来，因而「居家照护物联网」系统的结构观点会变得更清晰。

## 20-5 结构行为合一图

在「居家照护物联网」系统里，外界环境和它七个构件之间的互动，会产

生「居家照护物联网」的系统行为。如图 20-17 所示，外界环境「One_Minute_Interval」、「Homecare_Provider」和「Alerts_Notifying_UI」、「HCCASIS_Database」等构件互动产生「Alerts_Notifying」行为，外界环境「Homecare_Provider」和「Home_Account_Registering_UI」、「HCCASIS_Database」等构件互动产生「Registering_Home_Account」行为，外界环境「Homecare_Provider」和「Emergency_Responses_UI」、「HCCASIS_Database」等构件互动产生「Recording_Emergency_Responses」行为，外界环境「Homecare_Provider」和「Monthly_Statistics_UI」、「HCCASIS_Database」等构件互动产生 Printing_Monthly_Statistics」行为，外界环境「Server_Root」、「Senior_Residents」和「Sensor_Data_Acquisition_Logic」、「HCCASIS_Database」、「Position_Sensor_N（N = A00001 to Z99999）」等构件互动产生「Sensing_Residents_Position」行为。（结构行为合一图是达到系统架构学的「结构行为合一」第五个金图。）

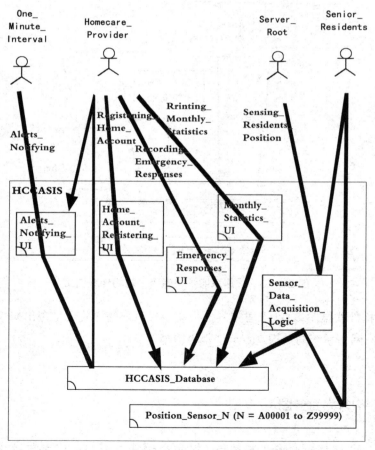

图 20-17 「居家照护物联网」的结构行为合一图

# 第 20 章　居家照护物联网的系统架构设计

　　一个系统的行为乃是其个别的行为总合起来。例如，「居家照护物联网」的整体系统行为包括「Registering_Home_Account」、「Sensing_Resident_Position」、「Alerts_Notifying」、「Recording_Emergency_Responses」、「Printing_Monthly_Statistics」等五个个别的行为。换句话说，「Registering_Home_Account」、「Sensing_Resident_Position」、「Alerts_Notifying」、「Recording_Emergency_Responses」、「Printing_Monthly_Statistics」等五个个别的行为总合起来就等于「居家照护物联网」的整体系统行为。「Registering_Home_Account」行为、「Sensing_Resident_Position」行为、「Alerts_Notifying」行为、「Recording_Emergency_Responses」行为、「Printing_Monthly_Statistics」行为五者彼此之间是相互独立，没有任何牵连的。由于它们彼此之间没有任何瓜葛，因而这五个行为可以同时交错进行（Concurrently Execute），互不干扰 [Hoar85，Miln89，Miln99]。

　　采用系统架构学，最主要的目标就是只会有一个整合性全体的系统，而不会有各自分离的系统结构和系统行为。在图 20-17 中，我们可以看到，「居家照护物联网」的系统结构和系统行为都一起存在其整合性全体的系统里面。换句话说，在「居家照护物联网」整合性全体的系统里，我们不但看到它的系统结构，也同时看到它的系统行为。

## 20-6　互动流程图

　　一个系统的整体行为包括许多个别的行为，每一个个别的行为代表系统一个情境（Scenario）的执行路径，每个执行路径可以说就是一个互动流程图。执行路径可以说是将系统的内部细节互动串接起来，互动流程图强调的是这些串接起来的互动之先后次序。（互动流程图是达成系统架构学的「结构行为合一」第六个金图。）

　　「居家照护物联网」的互动流程图共有五个，我们会将它们分别绘制出来。图 20-18 说明「Registering_Home_Account」行为的互动流程图。首先，外界环境「Homecare_Provider」和「Home_Account_Registering_UI」构件发生「Input_Home_Data」操作呼叫，并带着「Home_Data_Form」输入参数的互动。最后，「Home_Account_Registering_UI」构件和「HCCASIS_Database」构件发生「SQL_Insert_Home_Data」操作呼叫，并带着「Home_Data_Query」输入参数的互动。

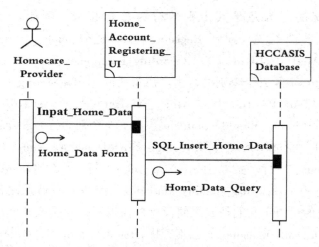

图 20-18 「Registering_Home_Account」行为的互动流程图

图 20-19 说明「Sensing_Residents_Position」行为的互动流程图。首先，外界环境「Server_Root」和「Sensor_Data_Acquisition_Logic」构件发生「Fork_SDAL_Process」操作呼叫的互动。接着，外界环境「Senior_Residents」和「Position_Sensor_N（N = A00001 to Z99999）」构件发生「Sensing_Position」操作呼叫，并带着「3-Dimensional_Locations」输入参数的互动。再来，「Sensor_Data_Acquisition_Logic」构件和「Position_Sensor_N（N = A00001 to Z99999）」构件发生「Returning_Position」操作呼叫，并带着「3-Dimensional_Locations」输出参数的互动。最后，「Sensor_Data_Acquisition_Logic」构件和「HCCASIS_Database」构件发生「SQL_Insert_3-Dimensional_Locations」操作呼叫，并带着「3-Dimensional_Locations_Query」输入参数的互动。

图 20-20 说明「Alerts_Notifying」行为的互动流程图。首先，外界环境「One_Minute_Interval」和「Alerts_Notifying_UI」构件发生「Showing_All_Alerts」操作呼叫，并带着「Current_Time」输入参数的互动。接着，「Alerts_Notifying_UI」构件和「HCCASIS_Database」构件发生「SQL_Select_3-Dimensional_Locations_for_Alerts_Analysis」操作呼叫，并带着「Current_Time」输入参数以及「3-Dimensional_Locations_for_Alerts_Analysis_Query」输出参数的互动。最后，外界环境「Homecare_Provider」和「Alerts_Notifying_UI」构件发生「Displaying_Alerts」操作呼叫，并带着「Alerts_Display」输出参数的互动。

图 20-21 说明「Sensing_Residents_Position」行为的互动流程图。首先，外界环境「Server_Root」和「Sensor_Data_Acquisition_Logic」构件发生「Fork_SDAL_Process」操作呼叫的互动。接着，外界环境「Senior_Residents」和「Position_Sensor_N（N = A00001 to Z99999）」构件发生「Sensing_Position」操作呼叫，并带着「3-Dimensional_Locations」输入参数的互动。再来，「Sensor_Data_Acquisition_Logic」构件和「Position_Sensor_N（N = A00001 to Z99999）」构件发生「Returning_Position」操作呼叫，并带着「3-Dimensional_Locations」输出参数的互动。最后，「Sensor_Data_Acquisition_Logic」构件和「HCCASIS_Database」构件发生「SQL_Insert_3-Dimensional_Locations」操作呼叫，并带着「3-Dimensional_Locations_Query」输入参数的互动。

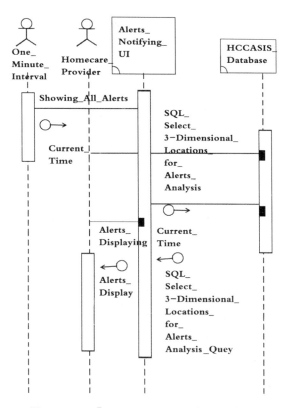

图 20-20　「Alerts_Notifying」行为的互动流程图

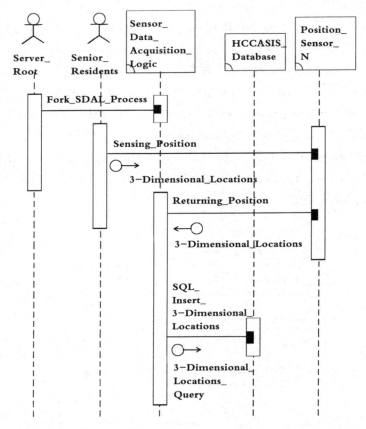

图 20-21 「Sensing_Residents_Position」行为的互动流程图

图 20-22 说明「Printing_Monthly_Statistics」行为的互动流程图。首先,外界环境「Homecare_Provider」和「Monthly_Statistics_UI」构件发生「PrintButton_Click」操作呼叫,并带着「Year」和「Month」输入参数的互动。接着,「Monthly_Statistics_UI」构件和「HCCASIS_Database」构件发生「SQL_Select_Monthly_Statistics_」操作呼叫,并带着「Year」和「Month」输入参数以及「Monthly_Statistics_Query」输出参数的互动。最后,外界环境「Homecare_Provider」和「Monthly_Statistics_UI」构件发生「PrintButton_Click」操作传回,并带着「Monthly_Statistics_Report」输出参数的互动。

# 第 20 章 居家照护物联网的系统架构设计

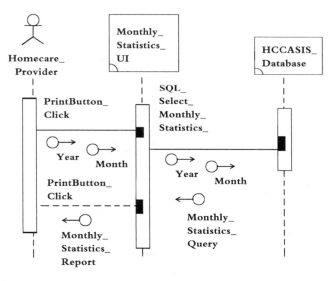

图 20-22 「Printing_Monthly_Statistics」行为的互动流程图

# 第21章　智能旅游城市物联网的系统架构设计

智慧旅游城市（Smart City Tourism）的概念出自于智慧城市（Smart City）的发展。随着物联网（Internet of Things，简称为 IoT）技术的云网络被嵌入的所有组织和实体，旅游城市将利用无所不在的感知技术和他们的社会组成部分之间的协同作用，支持旅游经验的丰富。智慧城市的策略是全球所有城市的未来发展的必然趋势。智慧旅游城市是智慧城市的重要组成部分和策略实践。这种智慧城市策略会尝试将物联网云端计算技术与智慧旅游产业和智慧旅游城市的发展结合起来。

「智能旅游城市物联网」系统（Smart Tourism City Cloud Applications and Services IoT System，简称为 STCCASIS）将我们的生活带入数字时代。它改善了人们的生活环境，切实提升人们的生活质量。旅游者通过「智能旅游城市物联网」系统的手机驳接工具，获得全面的导游讲解服务，制定私人旅游线路，合理地安排个人日程，最大化地利用旅游时间。获得网上旅游咨询服务，旅游者能够根据自己的需要选择性消费。同时，「智能旅游城市物联网」系统的发展也将带动相关产业的发展，促进信息技术产业的创新，创造更多的经济效益。

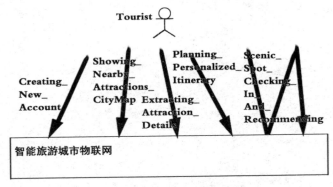

图 21-1　「智能旅游城市物联网」的行为

「智能旅游城市物联网」系统主要是提供「Creating_New_Account」、「Showing_Nearby_Attractions_CityMap」、「Extracting_Attraction_Details」、「Planning_Personalized_Itinerary」、「Scenic_Spot_Checking_In_And_Recommending」等五个行

为。透过这五个行为，外界环境「Tourist」会和此「智慧旅游城市物联网」系统产生互动，如图 21-1 所示。

在本章「智能旅游城市物联网」的范例里，我们将依序使用 SBC 架构描述语言（SBC Architecture Description Language）的六大金图：（A）架构阶层图、（B）框架图、（C）构件操作图、（D）构件联结图、（E）结构行为合一图、（F）互动流程图来完成此「智能旅游城市物联网」的系统架构设计。

## 21-1　架构阶层图

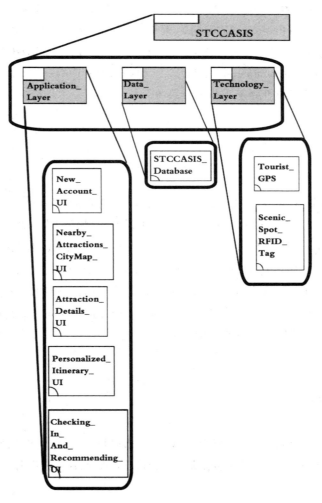

图 21-2　「智能旅游城市物联网」的架构阶层图

首先，我们使用多阶层（Multi-Level）分解和组合方式将「智能旅游城市物联网」的架构阶层图（Architecture Hierarchy Diagram，简称为AHD）绘制出来，如图21-2所示。（架构阶层图是达到系统架构学的「结构行为合一」第一个金图。）

在图21-2里，「智慧旅游城市物联网」分解出「Application_Layer」、「Data_Layer」和「Technology_Layer」，「Application_Layer」分解出「New_Account_UI」、「Nearby_Attractions_CityMap_UI」、「Attraction_Details_UI」、「Personalized_Itinerary_UI」和「Checking_In_And_Recommending_UI」，「Data_Layer」分解出「STCCASIS_Database」，「Technology_Layer」分解出「Tourist_GPS」和「Scenic_Spot_RFID_Tag」。其中，「智能旅游城市物联网」、「Application_Layer」、「Data_Layer」、「Technology_Layer」为聚合系统，「New_Account_UI」、「Nearby_Attractions_CityMap_UI」、「Attraction_Details_UI」、「Personalized_Itinerary_UI」、「Checking_In_And_Recommending_UI」、「STCCASIS_Database」、「Tourist_GPS」和「Scenic_Spot_RFID_Tag」为非聚合系统。

## 21-2 框架图

我们使用框架图来多层级（Multi-Layer）或者多层次（Multi-Tier）分解和组合一个系统。图21-3显示在「智能旅游城市物联网」系统的框架图里，「Application_Layer」层包含「New_Account_UI」、「Nearby_Attractions_CityMap_UI」、「Attraction_Details_UI」、「Personalized_Itinerary_UI」、「Checking_In_And_Recommending_UI」等五个构件，「Data_Layer」层包含「STCCASIS_Database」一个构件，「Technology_Layer」层包含「Tourist_GPS」、「Scenic_Spot_RFID_Tag」等两个构件。（框架图是达到系统架构学的「结构行为合一」第二个金图。）

## 21-3 构件操作图

另外，我们也会建置出「智慧旅游城市物联网」所有构件的操作。图21-4使用构件操作图来显示「智能旅游城市物联网」八个构件的操作。其中，「New_

# 第 21 章　智能旅游城市物联网的系统架构设计

Account_UI」构件有「Input_New_Account」一个操作;「Nearby_Attractions_CityMap_UI」构件有「Show_Nearby_Attractions_CityMap」一个操作;「Attraction_Details_UI」构件有「Show_Attraction_Details」一个操作;「Personalized_Itinerary_UI」构件有「Input_Personalized_Itinerary」一个操作;「Checking_In_And_Recommending_UI」构件有「Scenic_Spot_Check_In」、「Scenic_Spot_Recommend」等两个操作;「STCCASIS_Database」构件有「SQL_Insert_New_Account」、「SQL_Select_Nearby_Attractions」、「SQL_Select_Attraction_Details」、「SQL_Insert_Personalized_Itinerary」、「SQL_Insert_Checking_In_And_Recommending」等五个操作;「Tourist_GPS」构件有「「Tourist_GPS_Positioning」一个操作; Scenic_Spot_RFID_Tag」构件有「Scenic_Spot_RFID_Positioning」一个操作。(构件操作图是达到系统架构学的「结构行为合一」第三个金图。)

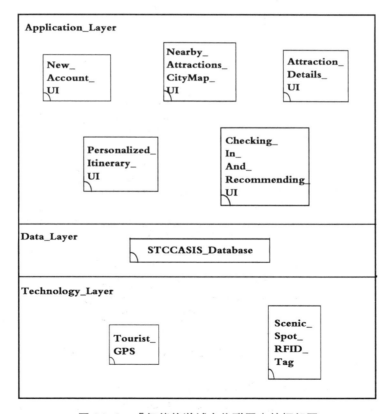

图 21-3　「智能旅游城市物联网」的框架图

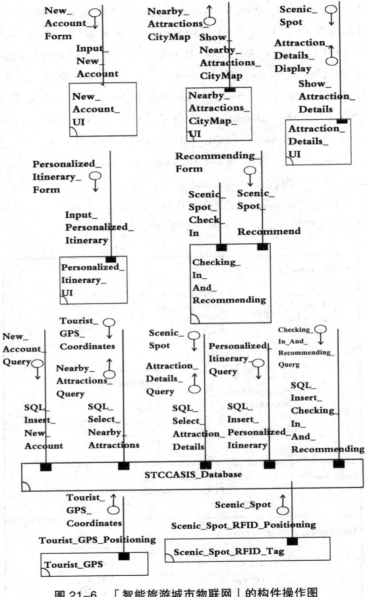

图 21-6 「智能旅游城市物联网」的构件操作图

「Input_New_Account」的操作式子为 Input_New_Account（In New_Account_Form），「Show_Nearby_Attractions_CityMap」的操作式子为 Show_Nearby_Attractions_CityMap（Out Nearby_Attractions_CityMap），「Show_Attraction_Details」的操作式子为 Show_Attraction_Details（In Scenic_Spot；Out Attraction_Details_Display），「Input_Personalized_Itinerary」

## 第 21 章　智能旅游城市物联网的系统架构设计

的操作式子为 Input_Personalized_Itinerary（In Personalized_Itinerary_Form），「Scenic_Spot_Check_In」的操作式子为 Scenic_Spot_Check_In，「Scenic_Spot_Recommend」的操作式子为 Scenic_Spot_Recommend（In Recommending_Form），「SQL_Insert_New_Account」的操作式子为 SQL_Insert_New_Account（In New_Account_Query），「SQL_Select_Nearby_Attractions」的操作式子为 SQL_Select_Nearby_Attractions（In Tourist_GPS_Coordinates；Out Nearby_Attractions_Query），「SQL_Select_Attraction_Details」的操作式子为 SQL_Select_Attraction_Details（In Scenic_Spot；Out Attraction_Details_Query），「SQL_Insert_Personalized_Itinerary」的操作式子为 SQL_Insert_Personalized_Itinerary（In Personalized_Itinerary_Query），「SQL_Insert_Checking_In_And_Recommending」的操作式子为 SQL_Insert_Checking_In_And_Recommending（In Checking_In_And_Recommending_Query），「Tourist_GPS_Positioning」的操作式子为 Tourist_GPS_Positioning（Out Tourist_GPS_Coordinates），「Scenic_Spot_RFID_Positioning」的操作式子为 Scenic_Spot_RFID_Positioning（Out Scenic_Spot）。

图 21-5 显示在操作式子「Input_New_Account（In New_Account_Form）」里的输入参数「New_Account_Form」的复合数据形态（Composite Data Type）的规格。

| Parameter | New_Account_Form |
|---|---|
| Data Type | TABLE of<br>　Username: Text<br>　Email_Address: Text<br>　First_Name: Text<br>　Last_Name: Text<br>　Address: Text<br>　City: Text<br>　State: Text<br>　Country: Text<br>End TABLE; |
| Instances | **New Account Form**<br><br>Username: A1B2C3D4<br>Email_Address: edgar6789@gmail.com<br>First_Name: Edgar<br>Last_Name: Ashworth<br>Address: 702 Ross Street<br>City: Dallas<br>State: Texas<br>Country: U.S.A. |

图 21-5　「New_Account_Form」复合数据形态的规格

图 21-6 显示在操作式子「Show_Nearby_Attractions_CityMap（Out Nearby_Attractions_CityMap）」里的输出参数「Nearby_Attractions_CityMap」的复合数据形态（Composite Data Type）的规格。

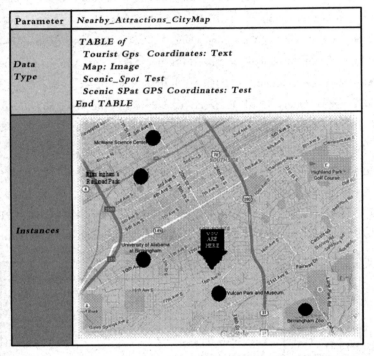

| Parameter | Nearby_Attractions_CityMap |
|---|---|
| Data Type | TABLE of<br>Tourist Gps Coordinates: Text<br>Map: Image<br>Scenic_Spot Test<br>Scenic SPat GPS Coordinates: Test<br>End TABLE |
| Instances | |

图 21-6 「Nearby_Attractions_CityMap」复合数据形态的规格

图 21-7 显示参数「Scenic_Spot」、「Tourist_GPS_Coordinates」等等的基本数据形态（Primitive Data Type）的规格。

| Parameter | Data Type | Instances |
|---|---|---|
| Scenic_Spot | Text | Vulcan Park and Museum |
| Tourist_GPS_Coordinates | Text | 33.490565, -86.794727 |

图 21-7 基本数据形态的规格

图 21-8 显示在操作式子「Show_Attraction_Details（In Scenic_Spot；Out

# 第 21 章 智能旅游城市物联网的系统架构设计

Attraction_Details_Display）」里的输出参数「Attraction_Details_Display」的复合数据形态（Composite Data Type）的规格。

| Parameter | Attraction_Details_Display |
|---|---|
| Data Type | TABLE of<br>  Scenic_Spot: Text<br>  Scenic_Spot_Address: Text<br>  Descrirtion<br>  Main_image: image<br>End TABLE; |
| Instances | **Vulcan Park and Museum**<br>1701 Valley View Dr, Birmingham, AL 35209, U.S.A.<br><br>Description: Vulcan is the world's largest cast iron statue; made of 100,000 pounds of iron and 56 feet tall, he stands at the top of Red Mountain overlooking the city of Birmingham. But Vulcan is more than just a statue—Vulcan Park and Museum features spectacular views of Birmingham, an interactive history museum that examines Vulcan and Birmingham's story, a premier venue for private events, and a beautiful public park for visitors and locals to enjoy. With an official information center operated by the Greater Birmingham Convention and Visitors Bureau, Vulcan Park and Museum serves as the first stop for visitors to the Birmingham area!<br>— Courtesy of visitvulcan.com — |

图 21-8 「Attraction_Details_Display」复合数据形态的规格

图 21-9 显示在操作式子「Input_Personalized_Itinerary（In Personalized_Itinerary_Form）」里的输入参数「Personalized_Itinerary_Form」的复合数据形态（Composite Data Type）的规格。

图 21-10 显示在操作式子「Scenic_Spot_Recommend（In Recommending_Form）」里的输入参数「Recommending_For」的复合数据形态（Composite Data Type）的规格。

图 21-11 显示在操作式子「SQL_Insert_New_Account（In New_Account_Query）」里的输入参数「New_Account_Query」的复合数据形态（Composite Data Type）的规格。

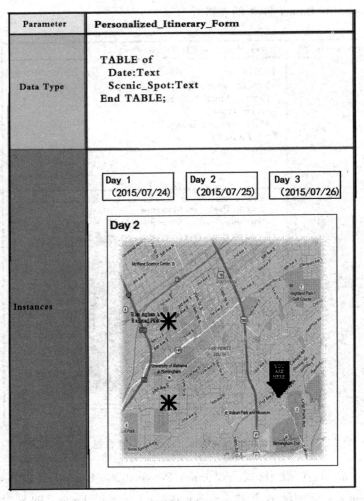

图 21-9 「Personalized_Itinerary_Form」复合数据形态的规格

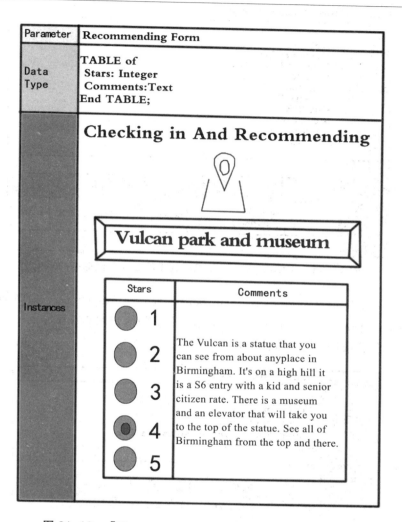

图 21-10 「Recommending_For」复合数据形态的规格

| Parameter | New_Account_Query | | | | | | |
|---|---|---|---|---|---|---|---|
| Data Type | TABLE of<br>　Usename: Text<br>　Email_Address:Text<br>　First_Name:Text<br>　Last_Name:Text<br>　Address:Text<br>　City:Text<br>　State:Text<br>　Country:Text<br>End TABLE; | | | | | | |
| Instances | Username | Email_Address | First_Name | Last_Name | Address | City | State | Country |
| | A1B2C3D4 | adolph789@gmail.com | Adolph | Bryant | 702 Ross Street | Dallas | TX | U.S.A. |

图 21-11　「New_Account_Query」的复合数据形态的规格

图 21-12 显示在操作式子「SQL_Select_Nearby_Attractions（In Tourist_GPS_Coordinates；Out Nearby_Attractions_Query）」里的输出参数「Nearby_Attractions_Query」的复合数据形态（Composite Data Type）的规格。

| Parameter | Nearby_Attractions_Query | |
|---|---|---|
| Data Type | TABLE of<br>　Scenic_Spot:Text<br>　Scenic_Spot _ GPS Coordinates:Text<br>End TABLE; | |
| Instances | Scenic_Spot | Scenic_Spot_GPS_Coordinates |
| | Birmingham Zoo | 33.48657862,<br>−86.77911758 |
| | Vulcan Park and Museum | 33.490565,<br>−86.794727 |
| | McWane Science Center | 33.51520752,<br>−86.8083002 |
| | Birmingham's Railroad Park | 33.5099169,<br>−86.8084382 |
| | University of Alabama at Birmingham | 33.49302095,<br>−86.80898666 |

图 21-12　「Nearby_Attractions_Query」复合数据形态的规格

图 21-13 显示在操作式子「SQL_Select_Attraction_Details（In Scenic_Spot；Out Attraction_Details_Query）」里的输出参数「Attraction_Details_Query」的复合数据形态（Composite Data Type）的规格。

| Parameter | Attraction_Details_Query |
|---|---|
| Data Type | TABLE of<br>Scenic_Spot<br>Scenic_Spot _ Address:Text<br>Description:Text<br>Main_ Image:ImageData<br>End TABLE |
| Instances | **Scenic_Spot**: Vulcan Park and Museum<br>**Scenic_Spot_Address**: 1701 Valley View Dr，Birmingham，AL 35209，U.S.A.<br>**Description**: Vulcan is the world's laegest cast iron statue: made of 100,000 pounds of iron and 56 feet tall，he stands at the top of Red Mountain overlooking the city of Birmingham.But Vulcan is more than just a statue-Vulcan Park and Museum features spectacular views of Birmingham, an interactive history museum that examines Vulcan and Birmingham's story a premier venue for private events，and a beautiful public park for visitors and locals to enjoy,with an official information center operated by the Greater Birminghan Convention and Visitors Bureau,Vulcan Park and Museum serves as the first s top for vositors to the Birmingham area!<br>--Courtesy of visitvulcan.com--<br>**Main_Image**:<br>0111010000010101010<br>0101010010000000010<br>0100101010010101010<br>1010100101010010010<br>0100101001011101000<br>1000000010010001010<br>1001001010010010100<br>1010101000101010010<br>1001001010010111011<br>0000101010100101001<br>0010000000010010010<br>1010010010010101010<br>0101010010010010010<br>1001011101000001010<br>1010010101001000000 |

图 21-13 「Attraction_Details_Query」复合数据形态的规格

图 21-14 显示在操作式子「SQL_Insert_Personalized_Itinerary（In Personalized_Itinerary_Query）」里的输入参数「Personalized_Itinerary_Query」的复合数据形态（Composite Data Type）的规格。

图 21-15 显示在操作式子「SQL_Insert_Checking_In_And_Recommending（In Checking_In_And_Recommending_Query）」里的输入参数「Checking_In_And_Recommending_Query」的复合数据形态（Composite Data Type）的规格。

| Parameter | Personalized_Itinerary_Query |
|---|---|
| Data Type | TABLE of<br>　Date:Text<br>　Scenic_Spot:Text<br>End TABLE; |
| Instances | <table><tr><th>Date</th><th>Scenic_Spot</th></tr><tr><td>20150724</td><td>Birmingham Zoo</td></tr><tr><td>20150724</td><td>Vulcan Park and Museum</td></tr><tr><td>20150725</td><td>McWane Science Center</td></tr><tr><td>20150725</td><td>Birmingham's Railroad Park</td></tr><tr><td>20150726</td><td>University of Alabama at Birmingham</td></tr></table> |

图 21-14　「Personalized_Itinerary_Query」复合数据形态的规格

| Parameter | Checking_In_And_Recommending_Query |
|---|---|
| Data Type | TABLE of<br>　Scenic_Spot: Text<br>　First_Name:Text<br>　Last_Name:Text<br>　State:Text<br>　Country:Text<br>End TABLE; |
| Instances | <table><tr><th colspan="4">Scenic_Spot</th></tr><tr><td colspan="4">Vulcan Park and Museum</td></tr><tr><th>First Name</th><th>Last Name</th><th>Stars</th><th>Comments</th></tr><tr><td>Edgar</td><td>Ashworth</td><td>4</td><td>The Vulcan is a statue that you can see from about anyplace in Birmingham.It's on a high hill.It is a $6 entry with a kid and senior citizen rate .There is a museum and an elevator that will take you to the top of the statue.See all of Birmingham from the top and there.</td></tr></table> |

图 21-15　「Checking_In_And_Recommending_Query」复合数据形态的规格

## 21-4 构件联结图

完成「智慧旅游城市物联网」的构件与操作后，我们可以开始绘制「智慧旅游城市物联网」内所有构件的联结。「智能旅游城市物联网」除了「New_Account_UI」、「Nearby_Attractions_CityMap_UI」、「Attraction_Details_UI」、「Personalized_Itinerary_UI」、「Checking_In_And_Recommending_UI」、「STCCASIS_Database」、「Tourist_GPS」、「Scenic_Spot_RFID_Tag」等构件外，尚有个名称为「Tourist」的外界环境。

图 21-16 使用构件联结图来显示在「智能旅游城市物联网」里，「Tourist」外界环境和「New_Account_UI」、「Nearby_Attractions_CityMap_UI」、「Attraction_Details_UI」、「Personalized_Itinerary_UI」、「Checking_In_And_Recommending_UI」、「STCCASIS_Database」、「Tourist_GPS」、「Scenic_Spot_RFID_Tag」等构件彼此之间的联结。（构件联结图是达到系统架构学的「结构行为合一」第四个金图。）

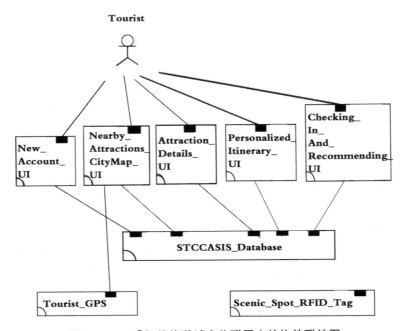

图 21-16 「智能旅游城市物联网」的构件联结图

在图 21-16 中，外界环境「Tourist」和「New_Account_UI」、「Nearby_Attractions_

CityMap_UI」、「Attraction_Details_UI」、「Personalized_Itinerary_UI」、「Checking_In_And_Recommending_UI」等构件有联结,「New_Account_UI」、「Nearby_Attractions_CityMap_UI」、「Attraction_Details_UI」、「Personalized_Itinerary_UI」、「Checking_In_And_Recommending_UI」等构件和「STCCASIS_Database」构件有联结,「Nearby_Attractions_CityMap_UI」构件和「Scenic_Spot_RFID_Tag」构件有联结,「Nearby_Attractions_CityMap_UI」构件和「Tourist_GPS」构件有联结。

有了构件联结图以后,「智能旅游城市物联网」的样式会呈现出来,因而「智慧旅游城市物联网」的结构观点会变得更清晰。

## 21-5 结构行为合一图

在「智慧旅游城市物联网」里,外界环境和它八个构件之间的互动,会产生「智能旅游城市物联网」的系统行为。如图 21-17 所示,外界环境「Tourist」和「New_Account_UI」、「STCCASIS_Database」等构件互动产生「Creating_New_Account」行为,外界环境「Tourist」和「Nearby_Attractions_CityMap_UI」、「STCCASIS_Database」、「Tourist_GPS」等构件互动产生「Showing_Nearby_Attractions_CityMap」行为,外界环境「Tourist」和「Attraction_Details_UI」、「STCCASIS_Database」等构件互动产生「Extracting_Attraction_Details」行为,外界环境「Tourist」和「Personalized_Itinerary_UI」、「STCCASIS_Database」等构件互动产生「Planning_Personalized_Itinerary」行为,外界环境「Tourist」和「Checking_In_And_Recommending_UI」、「STCCASIS_Database」、「Scenic_Spot_RFID_Tag」等构件互动产生「Scenic_Spot_Checking_In_And_Recommending」行为。(结构行为合一图是达到系统架构学的「结构行为合一」第五个金图。)

一个系统的行为乃是其个别的行为总合起来。例如,「智能旅游城市物联网」的整体系统行为包括「Creating_New_Account」、「Showing_Nearby_Attractions_CityMap」、「Extracting_Attraction_Details」、「Planning_Personalized_Itinerary」、「Scenic_Spot_Checking_In_And_Recommending」等五个个别的行为。换句话说,「Creating_New_Account」、「Showing_Nearby_Attractions_CityMap」、「Extracting_Attraction_Details」、「Planning_Personalized_Itinerary」、「Scenic_Spot_Checking_In_And_Recommending」等五个个别的行为总合起来就等于「智慧旅游城市物联网」的整体系统行为。「Creating_New_Account」行为、「Showing_Nearby_Attractions_CityMap」行为、「Extracting_Attraction_Details」行为、「Planning_

Personalized_Itinerary」行为、「Scenic_Spot_Checking_In_And_Recommending」行为五者彼此之间是相互独立，没有任何牵连的。由于它们彼此之间没有任何瓜葛，因而这五个行为可以同时交错进行（Concurrently Execute），互不干扰 [Hoar85, Miln89, Miln99]。

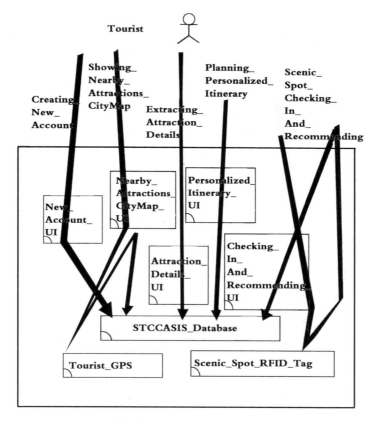

图 21-17 「智能旅游城市物联网」的结构形为合一图

采用系统架构学，最主要的目标就是只会有一个整合性全体的系统，而不会有各自分离的系统结构和系统行为。在图 21-17 中，我们可以看到，「智能旅游城市物联网」的系统结构和系统行为都一起存在其整合性全体的系统里面。换句话说，在「智能旅游城市物联网」整合性全体的系统里，我们不但看到它的系统结构，也同时看到它的系统行为。

## 21-6 互动流程图

　　一个系统的整体行为包括许多个别的行为，每一个个别的行为代表系统一个情境（Scenario）的执行路径，每个执行路径可以说就是一个互动流程图。执行路径可以说是将系统的内部细节互动串接起来，互动流程图强调的是这些串接起来的互动之先后次序。（互动流程图是达成系统架构学的「结构行为合一」第六个金图。）

　　「智能旅游城市物联网」的互动流程图共有五个，我们会将它们分别绘制出来。图 21-18 说明「Creating_New_Account」行为的互动流程图。首先，外界环境「Tourist」和「New_Account_UI」构件发生「Input_New_Account」操作呼叫，并带着「New_Account_Form」输入参数的互动。最后，「New_Account_UI」构件和「STCCASIS_Database」构件发生「SQL_Insert_New_Account」操作呼叫，并带着「New_Account_Query」输入参数的互动。

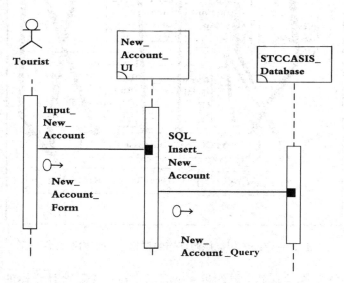

图 21-18 　「Creating_New_Account」行为的互动流程图

　　图 21-19 说明「Showing_Nearby_Attractions_CityMap」行为的互动流程图。首先，外界环境「Tourist」和「Nearby_Attractions_CityMap_UI」构件发生「Show_Nearby_Attractions_CityMap」操作呼叫的互动。接着，「Nearby_Attractions_CityMap_UI」构件和「Tourist_GPS」构件发生「Tourist_GPS_Positioning」操作呼叫，并带着「Tourist_GPS_Coordinates」输出参数的互动。再来，「Nearby_

Attractions_CityMap_UI」构件和「STCCASIS_Database」构件发生「SQL_Select_Nearby_Attractions」操作呼叫,并带着「Tourist_GPS_Coordinates」输入参数以及「Nearby_Attractions_Query」输出参数的互动。最后,外界环境「Tourist」和「Nearby_Attractions_CityMap_UI」构件发生「Show_Nearby_Attractions_CityMap」操作传回,并带着「Nearby_Attractions_CityMap」输出参数的互动。

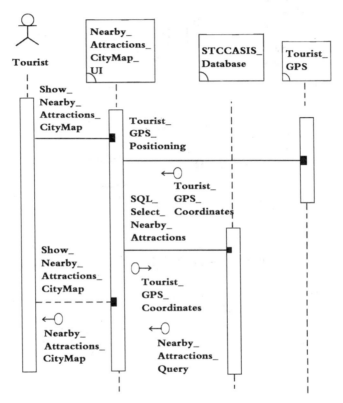

图 21-19 「Showing_Nearby_Attractions_CityMap」行为的互动流程图

图 21-20 说明「Extracting_Attraction_Details」行为的互动流程图。首先,外界环境「Tourist」和「Attraction_Details_UI」构件发生「Show_Attraction_Details」操作呼叫,并带着「Scenic_Spot」输入参数的互动。接着,「Attraction_Details_UI」构件和「STCCASIS_Database」构件发生「SQL_Select_Attraction_Details」操作呼叫,并带着「Scenic_Spot」输入参数以及「Attraction_Details_Query」输出参数的互动。最后,外界环境「Tourist」和「Attraction_Details_UI」构件发生「Show_Attraction_Details」操作传回,并带着「Attraction_Details_Display」输出参数的互动。

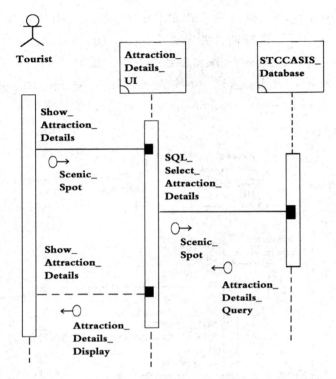

图 21-20 「Extracting_Attraction_Details」行为的互动流程图

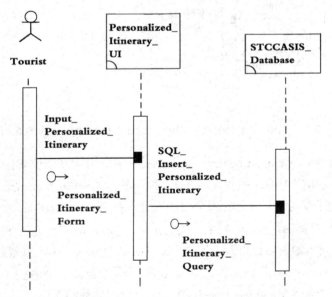

图 21-21 「Planning_Personalized_Itinerary」行为的互动流程图

图 21-21 说明「Planning_Personalized_Itinerary」行为的互动流程图。首先，外界环境「Tourist」和「Personalized_Itinerary_UI」构件发生「Input_Personalized_Itinerary」操作呼叫，并带着「Personalized_Itinerary_Form」输入参数的互动。最后，「Personalized_Itinerary_UI」构件和「STCCASIS_Database」构件发生「SQL_Insert_Personalized_Itinerary」操作呼叫，并带着「Personalized_Itinerary_Query」输入参数的互动。

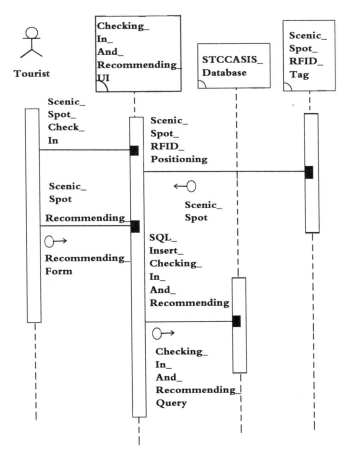

**图 21-22** 「Scenic_Spot_Checking_In_And_Recommending」行为的互动流程图

图 21-22 说明「Scenic_Spot_Checking_In_And_Recommending」行为的互动流程图。首先，外界环境「Tourist」和「Checking_In_And_Recommending_UI」构件发生「Scenic_Spot_Check_In」操作呼叫的互动。接着，「Checking_In_And_Recommending_UI」构件和「Scenic_Spot_RFID_Tag」构件发生「Scenic_Spot_

RFID_Positioning」操作呼叫，并带着「Scenic_Spot」输出参数的互动。再来，外界环境「Tourist」和「Checking_In_And_Recommending_UI」构件发生「Scenic_Spot_Recommend」操作呼叫，并带着「Recommending_Form」输入参数的互动。最后，Checking_In_And_Recommending_UI」构件和「STCCASIS_Database」构件发生「SQL_Insert_Checking_In_And_Recommending」操作呼叫，并带着「Checking_In_And_Recommending_Query」输入参数的互动。

# 附录  SBC架构描述语言

(1) 架构阶层图

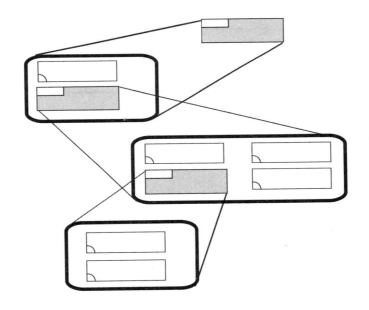

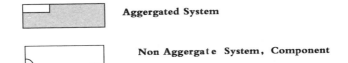

Aggergated System

Non Aggergate System, Component

（2）框架图

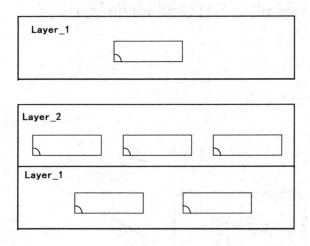

（3）构件操作图

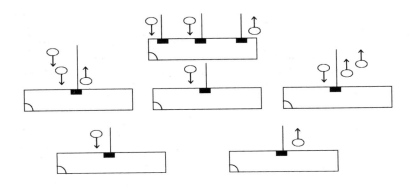

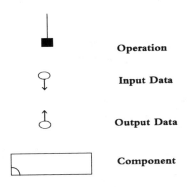

（4）构件联结图

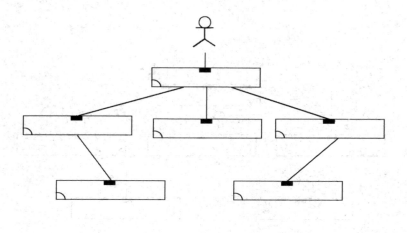

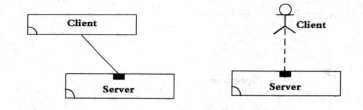

（5）结构行为合一图

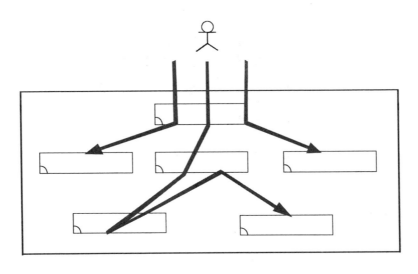

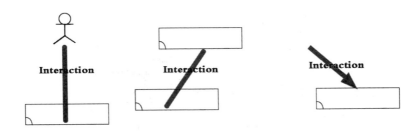

（6）互动流程图

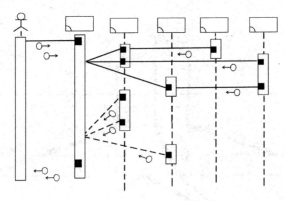

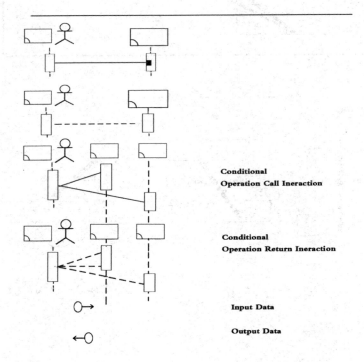

# 参 考 文 献

[Acko68] Ackoff, R., "Toward a System of Systems Concepts" Modern Systems Research for the Behavioral Scientist: A Sourcebook, Aldine Publishing Company, 1968.

[Bare84] Barendregt, H. P., The Lambda Calculus: Its Syntax and Semantics, Elsevier Science Publishers, 1984.

[Beam90] Beam, W. R., Systems Engineering: Architecture and Design, McGraw-Hill, 1990.

[Bere09] Berenbach, B. et al., Software & Systems Requirements Engineering: In Practice, McGraw-Hill Osborne Media, 1st Edition, 2009.

[Bert69] Von Bertalanffy, L., General System Theory: Foundations, Development, Applications, George Braziller Inc., Revised Edition, 1969.

[Bert81] Von Bertalanffy, L. et al., Systems View of Man: Collected Essays, Westview Pr, 1981.

[Chao09] Chao, W. S. et al., System Analysis and Design: SBC Software Architecture in Practice, LAP Lambert Academic Publishing, 2009.

[Chao11] Chao, W. S., Software Architecture: SBC Architecture at Work, National Sun Yat-sen University Press, 2011.

[Chao12] Chao, W. S., Systems Architecture: SBC Architecture at Work, LAP Lambert Academic Publishing, 2012.

[Chao14] Chao, W. S., General Systems Theory 2.0: General Architectural Theory Using the SBC Architecture, CreateSpace Independent Publishing Platform, 2014.

[Chec99] Checkland, P., Systems Thinking, Systems Practice: Includes a 30-Year Retrospective, Wiley, 1st Edition, 1999.

[Date03] Date, C. J., An Introduction to Database Systems, 8th Edition, Addison Wesley, 2003.

[Elma10] Elmasri, R., Fundamentals of Database Systems, 6th Edition, Addison Wesley, 2010.

[Frie11] Friedenthal, S., et al., A Practical Guide to SysML, Second Edition: The Systems Modeling Language, Morgan Kaufmann, 2nd Edition, 2011.

[Gall03] Gall, J., The Systems Bible: The Beginner's Guide to Systems Large and Small, General Systemantics Pr/Liberty, 2003.

[Ghar11] Gharajedaghi, J., Systems Thinking: Managing Chaos and Complexity: A Platform for Designing Business Architecture, Morgan Kaufmann, 2011.

[Grad06] Grady, J. O., System Requirements Analysis, Academic Press, 1st Edition, 2006.

[Hend80] Henderson, P., Functional Programming: Application and Implementation, Prentice-Hall, 1980.

[Hoar85] Hoare, C. A. R., Communicating Sequential Processes, Prentice-Hall, 1985.

[Hoff10] Hoffer, J. A., et al., Modern Systems Analysis and Design, Prentice Hall, 6th Edition, 2010.

[Jorg12] Jorgensen, S. E., Introduction to Systems Ecology (Applied Ecology and Environmental Management), CRC Press, 2012.

[Kapo94] Kaposi, A., et al., Systems, Models and Measure, Springer-Verlag London Limited, 1994.

[Kass07] Kasser, J. E., A Framework for Understanding Systems Engineering, BookSurge Publishing, 2007.

[Kill09] Killoran, D. M., LSAT Logical Reasoning Bible: A Comprehensive System for Attacking the Logical Reasoning Section of the LSAT, PowerScore Publishing, 2009.

[Klip09] Klipp, E. et al., Systems Biology: A Textbook, Wiley-VCH, 1st Edition, 2009.

[Koss11] Kossiakoff, A. et al., Systems Engineering Principles and Practice, Wiley-Interscience, 2nd Edition, 2011.

[Lank09] Lankhorst, M., Enterprise Architecture at Work: Modelling, Communication and Analysis, Springer, 2nd Edition, 2009.

[Lasz96] Laszlo, E., The Systems View of the World: A Holistic Vision for Our Time, Hampton Pr, 2nd Edition, 1996.

[Luhm12] Luhmann, N., Introduction to Systems Theory, Polity, 1st Edition, 2012.

[Mann74] Manna, Z., Mathematical Theory of Computation, McGraw-Hill, 1974.

[Maie09] Maier, M. W., The Art of Systems Architecting, CRC Press, 3rd Edition, 2009.

[Mead08] Meadows, D. H., Thinking in Systems: A Primer, Chelsea Green Publishing, 2008.

[Miln89] Milner, R., Communication and Concurrency, Prentice-Hall, 1989.

[Miln99] Milner, R., Communicating and Mobile Systems: the $\pi$-Calculus, 1st Edition, Cambridge University Press, 1999.

[Mull11] Muller, G., Systems Architecting: A Business Perspective, CRC Press, 2011.

[Odum94] Odum, H. T., Ecological and General Systems: An Introduction to Systems Ecology, University Press of Colorado, Rev Sub Edition, 1994.

[Ogat03] Ogata, K., System Dynamics, 4th Edition, Prentice Hall, 4th Edition, 2003.

[Palm09] Palm, W. III, System Dynamics, McGraw-Hill Science/Engineering/Math, 2nd Edition, 2009.

[Pork78] Porkert, M., Theoretical Foundations of Chinese Medicine: Systems of Correspondence, The MIT Press, 1978.

[Prat00] Pratt, T. W. et al., Programming Languages: Design and Implementation, 4th Edition, Prentice Hall 2000.

[Pres09] Pressman, R. S., Software Engineering: A Practitioner's Approach, 7th Edition, McGraw-Hill, 2009.

[Raff11] Raff, H. et al., Medical Physiology: A Systems Approach, McGraw-Hill Professional, 1st Edition, 2011.

[Roza11] Rozanski, N. et al., Software Systems Architecture: Working With Stakeholders Using Viewpoints and Perspectives, Addison-Wesley Professional, 2nd Edition, 2011.

[Salm98] Salmon, W. C., Causality and Explanation, Oxford University Press, 1998.

[Sang03] Sangiorgi, D. et al., The Pi-Calculus: A Theory of Mobile Processes, Cambridge University Press, 2003.

[Scho10] Scholl, C., Functional Decomposition with Applications to FPGA Synthesis, Springer, 2010.

[Seth96] Sethi, R., Programming Languages: Concepts and Constructs, 2nd Edition, Addison-Wesley, 1996.

[Shap00] Shapiro. S., Foundations without Foundationalism: A Case for Second-order Logic, Oxford University Press, 2000.

[Shel11] Shelly, G. B., et al., Systems Analysis and Design, Course Technology, 9th Edition, 2011.

[Sher09] Sherwood, L., Human Physiology: From Cells to Systems, Brooks Cole, 7th Edition, 2009.

[Somm06] Sommerville, I., Software Engineering, 8th Edition, Addison-Wesley, 2006.

[Voit12] Voit, E., A First Course in Systems Biology, Garland Science, 1st Edition, 2012.

[Warf06] Warfield, J. N., An Introduction to Systems Science, World Scientific Publishing Company, 2006.

[Weil00] Weil, A., Spontaneous Healing: How to Discover and Embrace Your Body's Natural Ability to Maintain and Heal Itself, Ballantine Books, 2000.

[Weil04] Weil, A., Health and Healing: The Philosophy of Integrative Medicine and Optimum Health, Mariner Books, Revised Edition, 2004.

[Wolp92] Wolpert, L., The Unnatural Nature of Science, Faber and Faber, London, pp. 34-55, 1992.